U0169973

中国艺术研究院基本科研业务费项目

（项目编号：2022-3-2）

编码日常：
大众软件批判

Coding the Everyday:
A Critique of Popular Software

秦兰珺　著

文化艺术出版社
Culture and Art Publishing House

图书在版编目（CIP）数据

编码日常：大众软件批判 / 秦兰珺著.—北京：
文化艺术出版社，2023.6
ISBN 978-7-5039-7386-4

Ⅰ.①编… Ⅱ.①秦… Ⅲ.①软件开发—研究 Ⅳ.
①TP311.52

中国国家版本馆CIP数据核字（2023）第005003号

编码日常：大众软件批判

著　　者　秦兰珺
责任编辑　赵　月　钟诗娴
责任校对　董　斌
书籍设计　马夕雯
出版发行　文化艺术出版社
地　　址　北京市东城区东四八条52号（100700）
网　　址　www.caaph.com
电子邮箱　s@caaph.com
电　　话　（010）84057666（总编室）　84057667（办公室）
　　　　　　　　84057696—84057699（发行部）
传　　真　（010）84057660（总编室）　84057670（办公室）
　　　　　　　　84057690（发行部）
经　　销　新华书店
印　　刷　国英印务有限公司
版　　次　2023年6月第1版
印　　次　2023年6月第1次印刷
开　　本　710毫米×1000毫米　1／32
印　　张　8.5
字　　数　204千字
书　　号　ISBN 978-7-5039-7386-4
定　　价　68.00元

送给

敢当 & 巴妮

目　录

绪　论

我们为什么要进行大众软件批判？

——大众软件批判的学术谱系和问题意识

一、我们为什么要进行大众软件批判？

对大众软件进行批判的想法，最初来自笔者的一种生活体验。笔者刚工作时，领导安排制作汇报工作用的 PPT[1]。似乎，比起 PPT 的逻辑结构和实质内容，领导更关心的是设计好不好看，用他的原话说就是，有没有"动起来""炫起来"。记得提交第一版时，有一页 PPT 关于数据图表，领导觉得这页做得太复杂，随手拿了一份咨询公司的商业报告给我参考，告诉我，图表要简洁，表达要清晰，除了有助于传达意图的关键数据，其他"闲杂信息"一律不出现。我立刻反问道："难道我们不需要说清数据从哪来、如何收集，以及使用什么方法统计吗？难道一个数据的意义，不是只有在与很多个不同层面、不同尺度上的数据的比较中才能彰显？"领导轻描淡写地说："屏幕这么小，你指望放多少东西上去？你觉得，你放那么多东西上去，又有多少人会看？"

后来，我学习了很多商业团队的演讲（一般配有炫酷的 PPT），看了很多咨询公司的报告（一般呈现为 PPT 的报告），还自学了 PPT 制作的教材。我不情愿地意识到，领导是对的！对于 PPT 这种展示方式，按照当下的修辞文化氛围，"可爱"确实比"可信"更重要。于是我逐渐放弃了那一套做学术工作的思维，也开始把"动起

---

[1] 原指微软开发的办公软件 Microsoft Office Powerpoint，因其为国内最为广泛应用的演示文稿制作软件，所以国内习惯将这类演示文稿称为 PPT，下同。

来""炫起来"当作书写的重点。我的PPT制作风格终于在工作中获得了认可，但我也感到，那一段时间，自己大脑都要被PPT改造了。一个最重要的变化是，我似乎不太会进行有逻辑的论证和写作了！取而代之的是，把想法用几个决断式的、口号式的论断表达出来，再把这些标语般的结论用貌似有关系的方式排列起来。我知道，PPT的默认文本格式"Bullet Point"[1]已经开始嵌入我的思维方式。也就在那段时间，每当我做PPT、读PPT、听PPT时，一种无名邪火总要从内心深处升起，我为自己制作的这些看似花枝招展却漏洞百出的PPT气愤，为这样的PPT竟能招摇过市还备受欢迎而气愤，更为自己开始不自觉地以Bullet Point的方式思维而气愤。这种气愤貌似是冲着一款软件及其承载的修辞文化去的，可又貌似不全是。正是为了更加理解自己的这种负面情绪，我开始了第一篇大众软件批判文章的写作。

从十年前我写第一篇大众软件批判文章，到今天这本书成书，软件已更加深入大众日常的方方面面，成为我们生活和工作的重要中介。看一看一个典型城市白领的日常：他一大早醒来的第一件事情，或许就是看手机，手机的"点亮"同时也伴随着他意识的"点亮"。他上班出门前，总要打开地图软件看看路况，这样貌似就能降低早高峰的不确定给他带来的无助感。他在通勤途中总要戴着耳机，比起城市的噪声和陌生的路人，流媒体里才能找到他中意的"陪伴"。他走进办公室，办公管理系统中的地理定位应用就会帮他自动打卡，肉身"在场"在地理信息的定位中获得重新定义。而他办公室生活的主要时光，说白了，其实就是在诸如Word、PPT、Excel等办公软件的操

---

[1] 一种带着项目符号的文本格式，一般被翻译为"要点清单"，是PPT默认的文本格式。

作和切换中处理一份又一份文件。其间，他也会抽空刷会儿朋友圈，生怕漏掉了客户和领导的哪张美照、哪条高见没有点赞。下午，他终于得空叫外卖，买上一杯社交媒体上新晋的"网红奶茶"，收货后，他首先做的是和这杯奶茶拍个45度俯视角度的侧脸自拍，然后用滤镜软件处理一下，上传到交友软件上，等着看有没有什么新老朋友给他点赞留言。下班时间到了，他再次打开地图软件，按着朋友发给他的链接，跟着导航到附近一家评分不错的饭店小聚一番。与此同时，他赶紧为手机插上充电宝，因为他不相信，如果万一没电了，没有导航的帮助，他一样可以找到正确的路……

在以上这段再普通不过的日常描述中，我们已经接触到了地图软件、流媒体平台、办公管理软件、媒体编辑软件、社交软件、本地生活服务平台等各种各样的大众软件／平台。今天或许大家多少都有这样的体会，我们的日常生活就是以类似这样的方式，与各种各样的数字工具深深绑定在一起的。一般我们会认为，日常生活的一大特征，就是它由一系列自动化的思维和行为连缀而成。之所以要"自动化"，是因为唯有那些不思考就能下意识发动的模块化行为、思维，才能支持我们以更加高效、低耗的方式开展重复的日常生活。在这个意义上，大众软件的"自动化""模块化"确实完美承载了日常生活的"自动化""模块化"，给我们提供了各种看似流畅、高效、无缝衔接的日常生活体验。但这也意味着，越是日常的工作和生活，就越是拒绝我们反思——毕竟，反思意味着卡顿，是效率的敌人、无产出的内耗。因而一直以来，我们中的大多数人或许只是在使用软件，却很少思考它们究竟是什么，对于我们又意味着什么——正如大多数人只是在过日子，却很少去问，为什么日子要这样过，又如何变成今天这个样子。

但十分庆幸的是，"未经检讨的生活不值得过"，总有人要被这句古老箴言惊醒。在"科技让生活更美好"的主流叙事之外，这些年来，人们越发感到：我们可能已经被那些熟视无睹的科技"变成算法"，"困在系统里"了。[1] 每当有人开始抱怨，自己变成了被捆绑在 Office 软件上的"码字工人"和"填表工具"时；每当有人感叹，自己已是附属于社交媒体的"点赞设备"和"打卡设备"时；每当有人意识到自己的感知、思维、情感和沟通方式，已经逐渐被算法和数据的逻辑裹挟时；每当有人发现各种各样的"一键 × ×"和智能推送，或许只是让生活变得更加被动、乏味、缺乏创造力时；每当有人像笔者一样，突然开始对一款十分熟悉的软件感到气愤时……我们就掀开了另一版本的"科技和生活"的故事——软件异化了我们，异化了我们的日常生活吗？这种异化又是怎样借软件或在软件中发生的？

本书就是回答这一系列问题的初步尝试。当大部分关于软件的书籍，都在"科技让生活更美好"的愿景下，讨论如何开发和使用软件，本书试图做的是：在"科技如何异化生活"的担忧下，反思那些我们熟视无睹的大众软件，究竟从何处来，其本质是什么，对于我们又意味着什么。这些问题，在今天这个大部分人都忙着低头干活的加速时代，变得日益紧迫，不容回避。

本书的主体部分是一系列大众软件的个案反思。但在个案研究之前，我们将首先对大众软件批判进行学术系谱上的梳理和问题意识上

---

[1] "困在系统里"一说的流行，源于《人物》杂志《外卖骑手，困在系统里》（"人物"微信公众号，2020 年 9 月 8 日）一文。"变成算法"一说的流行源于《幸存者李佳琦：一个人变成算法，又想回到人》（"GQ 报道"微信公众号，2019年 11 月 6 日）一文。这两篇文章之所以能成为爆款，正因为它们反映的不仅仅是外卖、直播领域的个案，而是在当下具有普遍性的社会问题。

的阐明，它涉及马克思主义"异化"理论的传统和新兴的软件研究潮流，而"大众软件批判"就生长在这批判传统和新兴潮流的交汇点。虽然笔者认为该内容十分重要，它几乎充当着之后个案分析的总纲，但如果你对学术系谱与理论问题不感兴趣，也可以直接阅读后面的章节。

在个案研究部分，本书将根据计算机科学的先驱和发明家们对"信息技术可以是什么"的定义，将不同功能的大众软件组织在元工具、元媒介、元组织三个维度下来呈现。什么是作为元工具、元媒介、元组织的信息技术呢？这里我们需要做一点说明。1936 年，计算机之父图灵提出"通用图灵机"的概念。12 年后，他总结道："我们可以让自动计算机去做所有人类计算员（human computer）能做的工作。"[1] 在后人的诠释中，正是"通用图灵机"的概念，通向了作为"元工具"的计算机，即一种可以模拟任何工具的"元工具"。1984 年，现代个人计算机的缔造者之一阿兰·凯对图灵的上述思想做了进一步发挥。他认为计算机首先不是工具而是媒介，并且是一种"元媒介"，一种可以动态模拟其他任何媒介的媒介，包括不可能在物理意义上存在的媒介。[2] 此外，1945 年罗斯福的首席科学顾问布什（Vannevar Bush）在著名的《诚如所思》中提出一种更先进的信息结构：在该模型中，每个点不经任何中介都能与其他点连接，人们借此

---

[1] Alan Turing, "Lecture on the Automatic Computing Engine", in B. Jack Copeland ed., *The Essential Turing*: *Seminal Writings in Computing*, *Logic*, *Philosophy Artificial Intelligence*, *and Artificial Life*: *Plus the Secrets of Enigma*, New York, p. 391.

[2] Alan Kay, "Computer Software", in *Scientific American*, Vol. 251, No. 3, 1984, pp. 41–47.

就可以按照自己的方式建立个人信息网，而非一定要按单一、权威的知识分类体系（比如层级式的图书分类）组织信息。[1] 布什的设想常被认为是超链接的原型，它向我们暗示了信息技术的一项重要功能：元组织，即一种关于组织的组织。元工具、元媒介、元组织，这三个影响了信息技术发展史的根本洞见，也构成了本书个案研究部分的框架，由此形成了其三个章节的主体内容。在第一章"工具和工作"中，本书将讨论文字处理软件、演示软件、表格软件这三种已经与今天的办公密不可分的大众软件。在第二章"感官和经验"中，我们将研究数字界面、数字滤镜、MP3 这三种和当下人们的感官视听经验密不可分的感官编码工具。在第三章"社交和生活"中，本书将分析微信朋友圈照片、城市数字地图这两种与今天人们的日常社交和生活密不可分的大众软件。（见表 0-1）

在上述个案研究中，有一个问题一直困扰着笔者：人文学科何以借助自身既有资源，对技术开展相对有深度的批判？就大众软件批判这个主题而言，笔者在本书中的做法是：在对具体大众软件之考察时，把该软件放在某一特定文化传统中，将它作为对某一老问题的新回应、新呈现、新发展来分析。这样就能借老问题来洞悉和组织纷繁复杂的新现象，并在这个过程中，将老问题的厚度和新情况的锐度结合起来。之所以敢于这样尝试，是因为笔者相信，一款大众软件之所以能"大众化"，一定是因为它在某种程度上，承载和发展了某个对于人类而言一直十分重要的问题，这才能让它那么深地嵌入普通人的工作和生活。而本书的所有个案研究，首先要做的就是找到这个问

---

[1] Vannevar Bush, "As We May Think", *The Atlantic Monthly*, Vol.176, No.1, 1945, pp. 101-108.

表 0-1　本书各章标题

章名	研究对象	老问题	新情况	反思内容
工具和工作	文字处理软件	书写的	大众软件化	及其后果
	演示软件	修辞文化的	视觉演示化	
	表格软件	理性管理的	技术化	
感官和经验	数字界面	经验表征的	交互界面化	及其后果
	数字滤镜	视觉风格的	算法化	
	MP3	听觉物理的	编码化	
社交和生活	微信朋友圈照片	社交生活的	景观化	及其后果
	城市数字地图	城市空间的	数据体制化	

题（有时这是最难的），然后再把它在大众软件所构成的新环境中的新发展提炼出来。因此，笔者使用了一种统一格式"某类大众软件：某老问题的 ×× 化（新发展情况）及其后果"命名各章，每章的研究思路（或者说研究套路）也基本上可以从各章标题体现出来。由此可见，本书建立在这样一个预设之上：大众软件是一种能够让老问题重新呈现新意义和新发展的工具和媒介环境。但这一预设是否总是成立，有待继续探索。又因为本书是这样反思每一款大众软件的，所以笔者不得不被它们承载的各种问题，带到各个人文社科领域及其研究转向，包括文学、修辞学、管理学、交互设计理论、视觉文化研究、听觉文化研究、空间研究、城市研究、地图学、社会学研究等，同时又不得不为了触摸这些老问题被重新提出的技术和媒介环境逻辑，而吃力地学习着各种技术发展史和信息科学技术原理。必须承认，比较诗学出身的笔者，虽然曾经有过 7 年专职从事信息化建设的经历，

但跨越这么多领域、超出熟悉范围那么远，很多时候，自己也感到十分心虚、吃力、爱恨纠葛。因而，本书中的很多个案研究之价值，或许在于提出问题，邀请大家一起思考，而笔者也期待着相关领域的同人，能够给出更加专业、严谨的分析和回答。

另一个问题是，大众软件种类繁多，为什么这里只选取了上述三个维度下的八个对象分析？首先必须说明的是，本书的选择有意排除了抖音、快手、美团、滴滴等更具"平台性"的应用。这并非因为平台不重要，而是因为平台的演化、发展及其在用户生活中发生的实际作用相对软件要更复杂。而我们认为，只有首先做好相对比较简单的大众软件批判，才能在此基础上，扎实展开更复杂的大众平台反思，而这或许是本书完成后才能展开的工作。其次，必须承认，即便只是选择较为"简单"的大众软件，本书的选择也是以作者自身的主观生活体验为基础的。因此，上述八个分析对象肯定远不能代表每个人生活体验中大众软件之全部。而它们的作用也仅仅在于示例，而并非代表。

在结论部分，本书试图提出一种包括了反思软件在内的"媒介素养"。今天，如何甄别谣言、防范网络诈骗，诸如此类的信息素养已被纳入"媒介素养"范围。但笔者认为，媒介素养也应包括对软件的辨识与反思。换言之，大众软件并非透明，也不无危险，它能在潜移默化中形塑我们的日常生活和感知。因而就像剪刀是孩子必须通过学习才能学会使用的，我们也需理性认识和使用那些看似"无须学习"的"人性"的数字工具——技术越是提供给我们便利和舒适，我们越是要过一种"经过检讨的生活"。

二、大众软件批判的学术谱系和问题意识

在展开具体反思工作之前，我们首先还要给这样的思考以一个学术谱系上的定位，这并非因为我们执着于"造家谱"，而是因为，只有想清楚自己从哪来，才能更加理解这项工作本身。简言之，本书将自己定位于两个学术谱系的交汇点：一是马克思主义的"异化"批判传统，二是新兴的"软件研究"潮流。而大众软件批判，就是结合"异化"批判传统与"软件研究"的一种尝试。

（一）异化理论的发展：从劳动异化到普遍异化

本书的第一个思想谱系是马克思主义的"异化"批判传统。简单来说，所谓异化，指的是人类创造的东西成为异己的、独立的力量，反过来控制人的一种状态。黑格尔最初使用这个术语，主要是指绝对精神外化成有异于自身的对象世界的过程。[1] 马克思则创造性挪用了黑格尔的这个概念，将讨论异化的语境从"自然界是自我异化的精神"这样一种抽象概念的运动场景，变成了工人的劳动语境。在《1844 年经济学哲学手稿》中，马克思正式提出了"劳动异化"学说。为什么工人干得越多，其产品就越与他对立？为什么本应光荣和美好的劳动，在工人那里竟成为肉体的摧残和精神的折磨？马克思解释道，因为劳动异化了。劳动本应是对人的本质力量的一种对象化的肯定，但因为私有制，工人必然要同自己的劳动产品、自己的生命活动、自己的本质分离并对立，而人与人的关系也必然在这个过程中发

---

[1] 参见 [德] 黑格尔《自然哲学》，梁志学、薛华等译，商务印书馆 1980 年版，第 21 页。

生异化。[1] 尽管马克思在中后期不再如其青年时代那样，把"异化"当作其核心关切，但他一直在其不同时期的著作和理论范式下，给"劳动异化"问题留下了或显眼或潜隐的位置。[2] 正是从未离开过马克思思想体系的"劳动异化"问题，开启了后来马克思主义的诠释者尤其是西方马克思主义者，对异化问题全方位、多角度拓展。

在《1844年经济学哲学手稿》撰写170年后出版的《资本社会的17个矛盾》中，哈维选择把资本主义的最后一个矛盾留给了"普遍异化"。他认为，有着强烈人本主义色彩的"异化"理论，比起宏观的政治经济学分析，更能构成动员人们反抗的概念武器之一，只不过在哈维这里，最初马克思那里的"劳动异化"，经过多年发展，已成为一种"普遍异化"（universal alienation）：

> 异化的动词 alienate 有多重意思。作为法律用词，它是指将产权转让给别人……在社会关系方面，它是指对某个人或体制的某项政治事业的情感、忠诚和信任变淡，可能转移至另一目标上。对人或体制的信任异化（也就是丧失），可能会极严重地损害社会结构。作为被动的心理现象，异化是指疏远某些重要关系，变得孤立。我们为了某些无法说清、无可挽回的损失感到悲痛时，便是体验到和内化了这种异化。作为主动的心理状态，异化是指自己实际或感觉被压迫或剥削，因而感到愤怒和充满敌意，并以行动发泄这种愤怒

---

[1] 参见［德］马克思《1844年经济学哲学手稿》，中共中央马克思恩格斯列宁斯大林著作编译局编译，人民出版社2018年版，第45—60页。

[2] 马克思在《政治经济学批判大纲》《资本论》等文献中对早期基于人本主义的"异化"问题之重构，可参见张一兵《回到马克思：经济学语境中的哲学话语》，江苏人民出版社2014年版，第650—656页。

和敌意……[1]

　　在这种普遍的、多义的异化中，异化已不仅仅是一种劳动异化，而是可能波及每个人的、覆盖社会生活方方面面的"普遍异化"。可是，当我们说"异化"无处不在、"异化"形态各异时，我们究竟在何种程度上谈论一个有着特定内涵的"异化"概念呢？其实早在80年前，列斐伏尔就已经在《日常生活批判》中指出，现代人的日常生活被异化了，它被意识形态和商业"殖民"，变得越发平庸、乏味、千篇一律。但与此同时，他也提到，"异化"作为日常生活批判的一个概念武器，也很可能被滥用，以至于"任何一个人都可以拿起异化概念，声称某某活动异化了"，甚至"走过来的一个小学生会说，学校教他的方式和他必须做的作业正在把他变成一种事物"，正在异化他。[2] 为了避免"异化"被这样随随便便使用，在宣称今天"异化"已比比皆是时，我们首先要弄清楚的是，"普遍异化"究竟如何顺着"异化"问题自身的理论和实践逻辑发展出来。换言之，"异化"究竟通过哪些途径，从最初马克思提出的"劳动异化"领域，走入我们的日常生活，发展成这样一种统摄现代社会、现代生活的普遍问题？本书把其中最主要的三条途径总结为：从生产异化到消费异化、从体力劳动异化到精神活动异化、从产业劳动异化到非物质劳动异化。以下粗略梳理之。

---

[1] David Harvey, *Seventeen Contradictions and the End of Capitalism*, New York: Oxford University Press, 2014, p. 267.

[2] 参见［法］亨利·列斐伏尔《日常生活批判》（第一卷 概论），叶齐茂、倪晓晖译，社会科学文献出版社 2018 年版，第 73 页。

1. 从生产异化到消费异化

马克思的劳动异化学说，正如其名，强调的是工人劳动时的异化。"工人只有在劳动之外才感到自在，而在劳动中则感到不自在，他在不劳动时觉得舒畅，而在劳动时就觉得不舒畅……劳动的异己性完全表现在：只要肉体的强制或其他强制一停止，人们就会像逃避瘟疫那样逃避劳动。"[1] 那么当劳动停止，异化就一定停止吗？"异化"会放过下班回家的打工人吗？随着资本主义扩大再生产的发展，即便下班后的时光，也开始被吸收进生产的逻辑中。于是这就产生了走入我们日常生活中的消费异化及其各种衍生形态。

在高兹看来，消费异化首先意味着消费的主要目的并非满足"衣、食、住的需要"：

> 消费必须服务生产。生产将不再具有以最有效率的方式满足既有需要的功能；反之，需要将日益具有使生产保持增长的功能……"需要（needs）""想要（wishes）"和"渴望（desires）"间的界限必须打破；对使用价值相同或较差但价格较高的产品的渴望必须制造出来；必须坚定地化"想要"为迫切的"需要"。简而言之，需求必须被制造出来，让最能赚钱的商品被生产出来的那种消费者，也必须被培养出来。因而，新形式的匮乏必须在丰盛的中心不断复制出来，手段包括加速创新和汰旧、在越来越高的层次复制不

[1] ［德］马克思：《1844 年经济学哲学手稿》，中共中央马克思恩格斯列宁斯大林著作编译局编译，人民出版社 2018 年版，第 50 页。

平等。[1]

　　资本主义不允许不服务它的"闲暇时光"存在，正因如此，它也不允许工人用提升工作效率省出的时间，从事有意义的创造性活动！所有人的时间，最好不是在上班时开展生产，就是在下班后从事服务于生产的消费。消费的目的也因此不再是满足真实的需要，而是让生产昼夜不停进行下去。于是，在消费生活的各方面，各种各样从廉价到奢侈的市场被人为制造出来，用户变得细分再细分、市场变得垂直再垂直，以准确地对应每一种被制造出来的细分需求。与此同时，旧有的需要必须被判定为过时的，低级的消费必须升级，新的需要必须源源不断地创造出来。而消费则必须在这个过程中，成为对"异化劳动"的一种补偿，以使人在效率不断提升的情况下，没有工作得更少，反而继续忍受甚至更长时间的"异化劳动"，因为据说所有的"工伤"，都可以在消费中一笔勾销。于是，"够了够了"变成了永不满足的"越多越好"（From "Enough is Enough" to "The More the Better"），人们真实的诉求被异化为虚假的需要，人也被这种强加给我们的欲望奴役。大家开始在一切领域追求买得更贵、更多，也开始以一切领域更贵、更多的消费，标榜自己向上的阶层流动。就这样，异化以"异化消费"的方式从劳动领域进入了人们的日常生活。它不再仅仅发生在工作场景，而渗透在人们衣食住行各个方面。

　　与此同时，异化消费还将衍生出其他种类的异化，其中最著名的就是"景观"的异化。为了使个体相信，他们获得的消费品和服务，

---

[1] André Gorz, *Critique of Economic Reason*, trans. Gillian Handyside, Chris Turner, London & New York: Verso, 1989, pp. 114-115.

足够补偿他们为获得这些商品而必须做出的牺牲，为了使人们认为消费是个人幸福的港湾、消费让他们与众不同，广告必须大展宏图。于是乎，一茬又一茬的"景观"作为现代资本主义意识形态的总体视觉图景，被各种媒体、自媒体生产出来。如果说在马克思看来，现代社会展现为"庞大的商品堆积"，商品形式的秘密就是把"人们劳动本身的社会性质反映成劳动产品本身的物的性质"[1]，那么在德波看来，在资本主义的进阶中，"生活本身展现为景观的庞大堆积。直接存在的一切全都转化为一个表象"，而景观则把已经异化为物与物的关系的人与人的关系，再次异化为以景观为中介的关系，把已经从存在堕落为占有的人的生存方式，继续转变为显现。[2] 就这样，异化再次扩展地盘，从涉及人们衣食住行的消费本身，侵入了对消费的展现，以及与其相伴的视觉工业和视觉文化。

　　而在哈维看来，资本主义经济引擎下消费异化的一个后果，就是城市空间的异化。这让异化进一步从消费生活和视觉景观，拓展到了当代社会最能体现这二者的城市空间。根据哈维的观点，空间正义的核心不是如何分配，而是如何生产空间。如果城市空间的生产并非服务于人的生存发展，而是服务于资本积累，那就必然要生成一种异化的空间，于是"城市中的日常生活，已稳定下来的生活、联系和社交方式，一次又一次遭破坏，以迁就一时的风尚或奇想。贵族化或迪士尼化发展，必然涉及拆毁和被迫迁移，粗暴地破坏本已形成的城市生活纹理，只为插入浮夸俗艳、瞬间过时的事物……资本流通和积累的

---

[1] 《马克思恩格斯全集》第 23 卷，人民出版社 1998 年版，第 88—89 页。

[2] 参见 [法] 居伊 · 德波《景观社会》，王昭凤译，南京大学出版社 2006 年版，第 3—6 页。

经济引擎，将一座又一座的城市整个吞噬，吐出新的都市形态，尽管遭受许多人抵制；抵制者觉得自己与这种过程彻底疏离，这种发展不但完全改变了他们居住的环境，还重新定义了他们必须成为怎样的人才能生存下去"[1]。正是这一服务于资本主义经济引擎的异化空间，让城市越发显现为一个巨型的、陌生的、不断吞噬着质量和能量的钢铁怪物，而非供人栖居的家园。人的孤独感和漂泊感也由此产生。

2. 从体力劳动异化到精神活动异化

马克思的异化理论最终是要通向革命的。但是 20 世纪的斗争史最终却告诉我们，在资本主义最发达的地方，革命非但没有如期发生，纳粹 / 极权反倒以人类意料不到的方式发生了。如何理解这一笼罩 20 世纪的阴影，马克思主义的发展者借助韦伯的中介，转向了"异化"和"理性化"的合谋，并在这个过程中，考察了人类精神异化的各种形态。虽然马克思的劳动异化也多少包含着一些精神上的因素，但"异化"问题是在法兰克福学派的发展中，才具有了更加突出的精神和文化维度。

在韦伯看来，现代社会的发展过程基本上可以看作一个理性化的过程。理性化在成就生产、管理、法律、文化各领域的高效、系统、规范之同时，也铸造了理性的"钢铁般的牢笼"。[2] 在卢卡奇看来，该问题的一个重要体现，就是"泰勒制"下物化的产业工人。在流水线的劳动分工中，一种合理的机械化从工人的肉体一直推行到他的

---

[1] David Harvey, *Seventeen Contradictions and the End of Capitalism*, New York: Oxford University Press, 2014, p. 276.

[2] 参见 [德] 韦伯《新教伦理与资本主义精神》，康乐、简美惠译，广西师范大学出版社 2007 年版，第 187 页。

"灵魂"里,"甚至他的心理特性也同他的整个人格相分离,同这种人格相对立地被客体化,以便能够被结合到合理的专门系统里去,并在这里归入计算的概念"[1]。与此同时,当人作为局部劳动的从事者,丧失了与作为整体的产品之关系,人与人间的联系也越来越由他们所结合进去的机械过程及其抽象规律中介,在强行统一的整体中彼此孤立。于是,一方面,在市场交换的商品结构中,人与人间的关系获得物的性质,被反映成劳动者之外的物与物的关系,物似乎变"活"了;另一方面,在生产领域的理性规划下,工人却在肉体、灵魂、心理等各种意义上变成了"物"一般的存在,人似乎变"死"了。[2]更重要的是,在卢卡奇看来,工厂的内部组织形式表现的其实是整个资本主义社会的内部结构,工人的命运承载的是人的普遍命运,而合理机械化和可计算的原则必须遍及生活的所有表现形式。不难看出,卢卡奇的做法,借助"理性化"的中介,已将"异化"扩展成了一个更普遍的问题,这也开启了后来法兰克福学派"启蒙辩证法"的批判向度。

在霍克海默和阿多诺(亦译为阿道尔诺)看来,如果我们说启蒙倒退成一种神话,那么其原因只能在启蒙自身中去找。启蒙从人类尝试利用自然以便全面统治自然开始,从此人类学会了对象化、客观化自然,进而更好地数学化、量化自然。在这个过程中,一切无法量化

[1] [匈]卢卡奇:《历史与阶级意识——关于马克思主义辩证法的研究》,杜章智、任立、燕宏远译,商务印书馆 1992 年版,第 149 页。

[2] 卢卡奇这里的"物化"杂糅了两种来源不同的思想:表面语义上的马克思意义上商品结构(生产关系)之上的物化与深层逻辑规定的韦伯意义上生产过程(技术)的物化。参见张一兵《市场交换中的关系物化与工具理性的伪物性化——评青年卢卡奇〈历史与阶级意识〉》,《哲学研究》2000 年第 8 期。

之物都遭到摒弃，所有"质"的属性也悉数消除。以这种方式，人类见证了"知识就是力量"。但"随着支配自然的力量一步步地增长，制度支配人的权力也在同步增长"，"启蒙对待万物，就像独裁者对待人"，启蒙由此带上了极权主义的性质。理性机器越是需要运行良好的地方，被卷入其中的人的质的差异就越是要被取消，"谁要是不想破产，谁就必须阉割遵照这个机制的规定工作"。换言之，人类的启蒙始于统治自然，终于奴役自身，人类在生产、管理、文化等社会生活各领域，为自己亲手创造的各种"机器"和机制所奴役，与之相应的则是革命在人类创造的各种"确凿事实"和"历史趋势"前自惭形秽，成了一种"乌托邦"。[1]

正是在这样一种现代社会和现代理性的整体异化氛围中，法兰克福学派尤其突出异化对意识的作用及其带来的严重后果。这尤其体现在该学派对"文化工业""单向度思维""扭曲交往"的批判中。在霍克海默和阿多诺看来，技术合理性致使我们把工业流水线搬到了文化生产线。在文化工业体系下，个性和风格都不过是虚伪表象，文化产品的差异仅因市场的细分和标定，而非缘于表达和创意的多元。与此同时，一切细节都经过了理性的精心算计。早就安排好的套路，等着被安插在任何地方，承担事先赋予它的功能；各种偏离了作品本身的离奇情节和刺激场面也加入进来，为的是给观众最大的震惊。而这样的文化产品，生产的只能是虚假的快乐，因为真正的快乐并非躺在沙发上就能得到，更非娱乐工业所暗示的那样意味着"什么也不想，忘却一切忧伤和反抗"。咧着嘴大笑的观众的精神消费活动于是变成

---

[1] 参见［德］霍克海默、［德］阿道尔诺《启蒙辩证法——哲学断片》，渠敬东、曹卫东译，上海人民出版社2006年版，第1—35页。

了对人性的滑稽模仿，与此同时，真正的想象力、自发性和快乐，却在标准化、平均化的娱乐工业品消费中遭到了前所未有的遏制。就这样，机械化在人们的休闲和幸福方面也产生了巨大的作用。人们本来是为了摆脱机械劳动才开始娱乐生活，结果却在娱乐中再次遭遇了机械化。[1]

对于马尔库塞，更严重的问题是，异化概念在发达资本主义社会本身可能已经成为问题。在很多人看来，反对"异化"可能不过意味着与不断提高的生产率及其作用下的"美好生活"作对。而美好生活之所以被认为是"美好"的，只因为异化的人被其异化的存在吞噬，把一切外在需要和系统标准都彻底内化于自身。"当个人认为自己同强加于他们身上的存在相一致并从中得到自己的发展和满足时，异化的观念好像就成问题了。"当各种外在"枷锁"长在了人身上，人就成了单向度的人，人的思维成了单向度的思维。"凡是其内容超越了既定的话语和行为领域的观念、愿望和目标，不是受到排斥就是退化到这一领域"，不是沦为异己就是被收编。一切矛盾、对抗、否定都不可能且不应该。这是一种舒舒服服、平平稳稳、合理而又民主的不自由，是技术进步的标志，也是异化的更高阶段。[2]

到了哈贝马斯，交往被当作与劳动并列的活动来考察，交往异化现象也由此获得了关注。在哈贝马斯看来，人与人的交往本应是建立在互为主体性之上的、以理解为目的的行为。但在工具理性的扩张

---

[1] 参见［德］霍克海默、［德］阿道尔诺《启蒙辩证法——哲学断片》，渠敬东、曹卫东译，上海人民出版社 2006 年版，第 107—152 页。

[2] 参见［美］马尔库塞《单向度的人 发达工业社会意识形态研究》（第 11 版），刘继译，上海译文出版社 2014 年版，第 3—17 页。

下，建立在主客关系上的劳动逐渐吸收了建立在主体间关系上的相互作用。[1] 交往活动按照工具活动被改造的一个后果，就是人由目的变成手段，人与人的交往变成了互为工具、彼此算计的"扭曲交往"，人际互动本身也在此过程中，从有着自身目的与合理性的交往行为沦为工具合理性作用下的交往手段。各种物化、官僚化、金钱化的交往由此不可避免。与此同时，日常语言作为交往的媒介，在市场和政府力量对日常生活世界的渗透中也脱离了主体结构，丧失了沟通功能，变为如科学的形式语言那样的工具性、操作性的语言，并进一步沦为各种话术和意识形态性话语。日常语言的异化产生并加剧了日常交往和生活的异化，即便能暂时带来人与人间的共识（consensus），这样的共识也只能是虚假的，它在高压和外力的操纵下产生，却在主体结构中毫无根基。而真正的共识则"是在没有控制、不受限制和理想化的交往条件下取得的，而且能够长久保持下去"[2]。人与人关系的异化虽在马克思的劳动异化学说中就有涉及，但只有在哈贝马斯这里，交往异化才获得了独立、深入的研究，异化问题由此从法兰克福学派第一代学者关注的人的意识领域，进一步拓展到由语言 / 符号承载的人与人之间的意识互动。由此，精神领域的异化问题又多了一重产生于人际互动的、语言 / 符号上的进路。

---

[1] 参见［德］尤尔根·哈贝马斯《作为"意识形态"的技术与科学》，李黎、郭官义译，学林出版社 1999 年版，第 33 页。

[2] Jurgen Habermas，"The Hermeneutic Claim to Universality", in Josef Bleicher, *Contemporary Hermeneutics. Hermeneutics as Method, Philosophy and Critique*, London, Boston and Henley: Routledge & Kegan Paul, 1980, p. 205.

3. 从产业劳动异化到非物质劳动异化

除了朝消费和精神领域拓展，异化还有一种进入日常生活的方式，它靠的不是拓展"异化"的领域，而是扩大"劳动"的定义。这一方向的开拓者就是在 1962 年就已提出"社会工厂"概念的特隆蒂。他指出，在资本主义发展的巅峰时刻，社会关系将统统变成生产关系，整个社会都将成为生产的演绎，所有的社会生活都将承担"工厂"的职能。[1] 但社会究竟如何变成"社会工厂"，囿于当时资本主义发展水平，特隆蒂很难清晰阐明。这一在 20 世纪 60 年代看似十分激进的观点，后来首先在 20 世纪 80 年代的传播学界获得了呼应。在传播政治经济学的开创者斯麦兹看来，以法兰克福学派为代表的西方马克思主义范式仅从意识形态的角度，对大众传媒等"意识工业"进行了批判，而无视其中的政治经济学维度。如果从经济基础——而非上层建筑——的视角，对其进行一番透视，就会发现，广告业支持下的大众传媒的商品其实并非表面上的信息和内容，而是作为劳动力的受众本身。信息和内容是一种类似"免费午餐"的噱头，其目的无非吸引受众，以便传媒能够把忠实于它的受众"卖"给广告商。受众"受雇"于广告商，主要"工作"就是学习成为广告兜售产品的消费者，在自身中创造相应的消费需求。在这个意义上，诸如看电视之类的消遣活动也可以成为劳动，而"人们全天所有醒着的时间，都可能成为工作时间"。在斯麦兹看来，如果说在马克思的时代，异化主要来自工人生产产品的劳动，那么今天异化则主要来自工人生产和再生产自己的劳动，劳动和休闲的边界由此变得越发可疑，需要重新界定

---

[1] Mario Tronti, "Factory and Society", in *Workers and Capital*, trans. David Broder, London & New York: Verso, 2019.

和考察。[1]

不难看出，上述思考产生于劳动从工业时代到后工业时代的过渡。其理论前提就是，我们不能再按照马克思那个时代以产业工人为原型的雇佣劳动模式，来限定和束缚后来我们对不断发展着的劳动之理解。正是在如此背景下，哈特和奈格里于各种新兴劳动勃发的 21 世纪初提出了"非物质劳动"的概念。

> "非物质劳动"是生产非物质产品——比如知识、信息、沟通、关系、情绪性回馈——的劳动。服务业、知识劳动、智力劳动，这些传统概念都揭示了非物质劳动的某些面向，但没有一个能与其等同。为了方便进入该问题，我们可用两种主导形态来理解非物质劳动。第一种主要涉及知识性、语言性的工作，如问题解决、符号性和分析性的工作、语言表达。这类非物质劳动生产观念、符号、代码、文本、文学形象、图像等。另外一种形态的非物质劳动我们称之为"情感劳动"（affective labor）。与总被理解为精神活动的情绪（emotion）不同，情感劳动统摄身心，诸如幸福和悲伤之类的情感揭示的是整个有机体的当下生命状态，表现的是彼此相关的身体和心灵的特定状态。而情感劳动就是那些生产或操纵情感——比如轻松、幸福、满足、激动或激情——的劳动。我们在法务助理、空乘、快餐销售员（面带微笑工作）的服务中都可以发现情感劳动。[2]

---

[1] Dallas Smythe, "Communications: Blindspot of Western Marxism", *Canadian Journal of Political and Social Theory*, Vol. 1, No. 3, 1977, pp.1–27.

[2] Michael Hardt, Antonio Negri, *Multitude. War and Democracy in the Age of Empire*, New York: The Penguin Press, 2004, p.108.

非物质劳动大大拓展了"劳动"和"劳动者"的范围，拓宽了政治经济学涉足的领域。但在哈特和奈格里看来，更重要的是，非物质劳动首先意味着一种当代劳动的主导模式。就像产业劳动是19—20世纪的主导劳动模式，无论是农业劳动还是手艺劳动，所有劳动在产业劳动的时代，都要经历产业化；非物质劳动则代表着21世纪的主导劳动模式，在非物质劳动的时代，各种劳动（包括曾占据主导地位的产业劳动）都将变得越发信息化、智能化、可沟通和情感化。由此，"数字资本主义"时代的劳动异化批判呼之欲出。

看电视也算劳动？如果说在斯麦兹提出"受众劳动"概念的时代，对这一问题的回答还难免存在争议，那么在信息时代的今天，受赐于信息技术（比如大数据）的发展和互联网商业模式的创新，如果有人再说用户娱乐和业余时间的自由活动，也能被挖掘和开发成服务于资本积累的"劳动"，就变得十分容易理解了。尤其是近年来，诸如 Facebook 等网络平台私下收集用户数据卖给第三方机构的丑闻被屡屡曝光，海量用户隐私被泄露，换来的却是数字平台财富的高速增长，就连最普通的人也能感到：用户被平台剥削了，用户的劳动异化了，用户作为数据的实际生产者，其劳动成果不仅被平台无偿占有，还可能反过对自身产生难以估量的负面影响（比如当数据被泄露给厂商和政客）。正是在这样的背景下，数字资本主义的研究方兴未艾，其中的一个重要着力点，就是继续发展马克思的"劳动"学说，重新定位和理解数字时代劳动、剥削和劳动异化的各种形态。[1] 各种类似

---

[1] Cf. Christian Fuchs, *Digital Labour and Karl Marx*, New York and London：Routledge, 2014；Trebor Scholz ed., *Digital Labor: The Internet as Playground and Factory*, New York and Londn: Routledge, 2013.

"玩工"（playbour，或者 play/labour）的重识"消费 / 工作"关系的新概念被锻造[1]，各种诸如"如何用更少的异化创造更多的剥削"的新问题被讨论[2]，各种涉及算法和平台机制的更加隐藏的剥削 / 异化机制被分析[3]。不难理解，在资本主义在信息时代的新发展中，当我们的浏览、点赞、评论、游戏、社交甚至微笑、哭泣等一切行为，都有可能被挖掘成新的价值增长点，成为剩余价值的来源时，一句话，当社会成为"社会工厂"，劳动变得无处不在时，剥削 / 异化也自然要成为一种渗透在"数字化生存"中的普遍存在。

以上，我们从生产异化到消费异化、从体力劳动到精神活动、从产业劳动到非物质劳动三个方面，粗略描述了异化从"劳动异化"发展为"普遍异化"的三条主要路径。而贯串不同"异化"的那根主线，就是人的生存和发展需要让位于一种异己力量的持存和积累的需要——这种力量可能是资本的积累，也可能是权力的扩张，更可能是资本与权力的合谋。就这样，各种异化多管齐下，不仅人的雇佣劳动可能异化，他的休闲、欲望、需要、生活空间，他的经验、情绪、思维、交往形态，乃至他在信息时代的所有日常行为都可能成为一种异己的、独立的力量，反过来控制人自身。我们将在后面看到，在当代人的日常生活中，上述所有异化方式都可能在软件中或借软件发生或

[1] Julian Kücklich, "FCJ-025 Precarious Playbour: Modders and the Digital Games Industry", in *The Fibreculture Journal*, Issue 5，2005.

[2] 参见［以］伊安·费舍尔《如何以更少的异化创造更多的剥削？——社交网站中的受众劳动》，俞平译，载［瑞典］福克斯、［加］莫斯可主编《马克思归来（上）》，"传播驿站"工作坊译、校，华东师范大学出版社 2016 年版，第 118 页。

[3] 参见陈龙《"数字控制"下的劳动秩序——外卖骑手的劳动控制研究》，《社会学研究》2020 年第 6 期。

发展。但在进入这个问题的讨论之前，我们还需了解另一个学术谱系："软件研究"的兴起。

（二）软件研究的兴起：媒介理论和软件批评的相遇

本书的第二个学术谱系是正在兴起的"软件研究"（Software Studies）。当我们说起"软件研究"，很多人首先想到的或许会是软件工程理论或使用指南，但此处的"软件研究"特指一种以"软件"为对象的、融合人文社会科学和信息科学的跨学科研究，因而其问题意识也远远超出"如何开发和使用软件"的工具性、技术性问题。其实，国外知识界一直不乏从人文科学角度反思信息技术的思想传统。西蒙东、基特勒、斯蒂格勒、卡斯特、拉图尔等都是这方面的先驱，他们的学说也构成了当下"软件研究"的重要理论资源。但"软件研究"作为一个新兴领域被正式提出，还要等到富勒（Matthew Fuller）在 2006 年于鹿特丹组织"软件研究"工作坊。提到这个工作坊的组织背景，富勒写道："在当下的数字媒介研究中，软件是个盲点。它是媒介设计的根基和对象。在某种意义上，我们当下的所有脑力工作，都是软件研究，因为是软件为脑力劳动提供了媒介和环境。但除了软件工程领域，我很少在其他什么地方看到有人研究软件的特性及其物质性。"[1] 为了弥补这一盲点，富勒进行了一系列学科建设，包括于 2008 年和另一位软件研究的主要发起者马诺维奇（Lev Manovich）

---

[1] Citing from Lev Manovich, *Software Takes Command*, New York, London, New Delhi, Sydney: Bloomsbury, 2013, p. 11.

在麻省理工学院出版社发起了"软件研究"出版项目[1]，并在 2011 年创办了一本同行审查制度下的"软件研究"电子学刊《计算文化》（*Computational Culture*）。学刊简介写道：

> 本杂志主要目的是考察软件如何巩固和塑造当代生活……为此，我们需要一种不断发展的读写能力，能够让我们理解各种计算过程，这种能力不仅需要属于人文社科的传统学识，也需要那些非正式和实用性的知识，比如破解程序（hacking）和艺术创作。我们欢迎这些领域的研究，也欢迎融合不同方法论的跨学科研究，这些方法论可能来自文化研究、科学技术研究、计算哲学、数学、计算机科学、批判理论、媒介艺术、人机交互、媒介理论、设计和哲学。[2]

就这样，"软件研究"团结着一批人文社科、艺术和技术领域的跨学科工作者，正在成为一个崛起中的新兴领域。那么，人文社科为

---

[1] 截至 2020 年，麻省理工学院出版社"软件研究"出版项目包括：Matthew Fuller, *Software Studies: A Lexicon*, 2008; Noah Wardrip-Fruin, *Expressive Processing: Digital Fictions, Computer Games, and Software Studies*, 2009; Wendy Hui Kyong Chun, *Programmed Visions: Software and Memory*, 2011; Rob Kitchin and Martin Dodge, *Code/Space: Software and Everyday Life*, 2011; Geoff Cox and Alex McLean, *Speaking Code: Coding as Aesthetic and Political Expression*, 2012; Paul D. Miller and Svitlana Matviyenko, *The Imaginary App*, 2014; Benjamin H. Bratton, *The Stack: On Software and Sovereignty*, 2016; Annette Vee, *Coding Literacy: How Computer Programming Is Changing Writing*, 2017; Warren Sack, *The Software Arts*, 2019; Mark C. Marino, *Critical Code Studies*, 2020; Noah Wardrip-Fruin, *How Pac-Man Eats*, 2020。

[2] http: //computationalculture.net，2022-03-10.

什么要把软件纳入其研究视野？软件又为何要接受人文社科视角的观察、审视？为此，我们就要了解通向"软件研究"的两条路径，它们正好由其倡导者马诺维奇和富勒代表。

1. 马诺维奇：为了理解新媒介，我们要转向软件

马诺维奇通向"软件研究"的道路可以概括为一句话：为了理解新媒介，我们要转向软件。早在其成名作《新媒体的语言》（*The Language of New Media*）中，马诺维奇就提出，新媒介由两个完全不同的层面构成：文化层和计算层。位于文化层的东西，我们一般可以用属于文化领域的那些概念分析，比如故事和情节、模仿和净化、喜剧和悲剧。但除此之外，还有排序和匹配、函数和变量、计算机语言和数据结构等，诸如此类位于"计算层"的东西虽不如"文化层"显见，却在更深层面塑造着新媒介的区别性特征，改变着媒介革命后媒介自身的文化逻辑。熟悉马诺维奇思想的人不难看出，这一观点深受凯（Alan Kay）"元媒介"思想的启发，在凯看来，计算机除了可以是图灵（Alan Turing）眼中以"可计算的数"[1] 模拟任何机器的"元机器"，也可以成为一种模拟任何媒介的"元媒介"（metamedium）。[2] 计算机的媒介潜能由此被充分开发出来，但这也意味着：新媒介之所以能以媒介形态呈现于前端，不过是模拟出来的

---

[1] Cf. Alan Turing, "On Computable Number, with an Application to the Entscheidungsproblem", in B. Copeland ed., *The Essential Turing: Seminal Writings in Computing, Logic, Philosophy, Artificial Intelligence, and Artificial Life: Plus The Secrets of Enigna*, Oxford: Oxford University Press, 2004, pp. 58-90.

[2] Cf. Alan Kay, "Computer Software", in *Scientific American*, Vol. 251, No. 3, 1984, pp. 53-59.

效果，而模拟的实现需要的是底层计算作支撑，包括计算机如何为经验建模、如何表征数据，又允许我们对这些数据做什么等，正是它们构成了"计算科学的本体论、认识论和实践论"，决定着显现于屏幕中的"媒介"能够"是"什么。[1]

比如，笔者正在 Microsoft Word 中敲击这段"文字"，笔者感到自己在"书写"，但这种"书写感"却是各种算法作用于文本数据和格式数据模拟出的一种书写体验。一方面，这种体验保留了传统书写的基本时空结构——在一段线性时间序列中展开的、在空间上从左到右的书写过程，这让人机交互下的"输入—输出"行为，在用户体验上继续保持一种延续自纸媒的"书写感"，谋篇布局的老方法在屏幕上依旧成立。另一方面，位于其"计算层"的插入、复制、粘贴、搜索、替换、自动换行等算法作用于文本和格式数据，这也深刻改变了书写的形态，让书写的可编辑性、模块化和自动化特征都大大增强。于是，这里的"书写"又成为不同于传统书写的"文字处理"。正因如此，理解新媒介就不能局限于既有的"文化层"，而必须深入决定其"文化层"的"计算层"，因为只有在"计算层"中，我们才能找到新媒介异于传统媒介的"媒介性"，才能找到"媒介性"的依托，因而马诺维奇提议：

媒介理论可以追溯到 20 世纪 50 年代伊尼斯（Harold Innis）和 20 世纪 60 年代麦克卢汉的革命性工作。但新媒介的研究却需要我们在媒介理论上登上一个新台阶。为了理解新媒介的逻

---

[1] Lev Manovich, *The Language of New Media*, Cambridge: MIT Press, 2002, pp. 46-48.

辑，我们需要转向计算机科学。正是在那里，我们期待着能够寻找到一些新术语、分类和操作，它们更能说明新媒介的"可编程"（programmable）特征。从媒介研究出发，我们走向了一种可被称作"软件研究"的新事物，从媒介理论走向了软件理论。[1]

在《新媒体的语言》中，马诺维奇已尝试用一些科技术语来透视文化现象了，比如以"数据库"为范式分析计算机图像的生成逻辑，在"交互界面"的分析框架下重审艺术界面和工具界面的发展。但只有到了 2013 年的《软件说了算》（*Software Takes Command*），早年的"软件研究"思路才有了较为彻底的贯彻。其中的一个重要变化就是马诺维奇对"新媒介"给出了一种信息科学化的定义。

贯穿《软件说了算》的一个核心问题是：媒介在今天究竟是什么？在马诺维奇看来，这个问题越发与"软件是什么"绑定在一起。因为在新媒介时代，媒介归根到底要在软件提供的环境中呈现，因而媒介被如何感受、认知、创造和编辑，能够做什么，可以是什么，这些问题都直接与浏览、播放、编辑和输出它的软件密不可分。就这样，"媒介是什么"和"软件是什么"成了两个休戚相关的问题。那么软件是什么呢？算法 + 数据结构 = 程序。近半个世纪前，沃斯（Niklaus Wirth）以公式的方式给出了以上经典定义（而软件就是一系列有着特定组织架构的程序模块之集合）[2]，这个公式被马诺维奇直接挪用到了新媒介的定义中：

[1] Lev Manovich, *The Language of New Media*, Cambridge: MIT Press, 2002, p. 65.

[2] Niklaus Wirth, *Algorithms + Data Structures=Programs*, Englewood Cliffs: Prentice-Hall, 1976.

媒介 = 算法 + 一种数据结构（algorithms + a data structure）[1]

换言之，软件模拟的媒介，在本质上不过是数据结构和一系列算法的结合。如何理解这个问题呢？以我们熟悉的数字图像为例，比如，我们要为一张照片加滤镜，这里的照片首先是一种排列成矩阵的像素数据[2]，而加"滤镜"在本质上其实就是对像素数据进行运算[3]。运算方式有多少，图像就能输出为多少状态，给人一种为图像添加各种"滤镜"的效果。在这个意义上，滤镜算法的边界和图像数据的结构决定着人们能够对图像做些什么，而图像自身在这个过程中又能够成为什么。如果套用马诺维奇的公式，我们就可以说：滤镜程序下的

---

[1] Lev Manovich, *Software Takes Command*, New York, London, New Delhi, Sydney: Bloomsbury, 2013, pp. 206–212.

[2] 以 24 位 RGB 图像为例，图像可以看作由一个个点（像素）组成，每个点有三个颜色分量，分别为 R（红色）、G（绿色）、B（蓝色），三个分量的值在 0—255，每个像素的颜色由 R、G、B 三个分量按不同比例混合叠加而成，构成了图像数据的基本单元：由 24 位二进制代码表示的像素值（R、G、B），像素值按矩阵结构排列就构成了像素数据。

[3] 以图像灰度化算法为例，对于 24 位 RGB 图像，每个像素用 3 字节表示，分别对应 R、G、B 三个分量。如果三个分量值不同，那么呈现出来的就是彩色图像，比如 RGB=（13，200，123）；如果三者数值相同，那么呈现出来的就是灰度图像，比如 RGB=（112，112，112）。将一张彩色图像转换为灰度图像就叫作图像灰度化。现有灰度化算法一般是根据人眼对颜色的感知得出的一些参数公式。以均值灰度化和经典灰度化算法为例，均值灰度化，每个像素的灰度值为原有 R、G、B 分量的均值，公式为 Gray=（R+G+B）/3；经典灰度化则结合人眼对颜色的感应度对参数进行了调整，算法为 Gray=（0.299R+0.587G+0.114B）/3。

图像＝滤镜算法＋像素矩阵。

　　但这一将媒介等同于技术底层逻辑的做法并非只是强调技术对文化逻辑的决定性作用。"文化层"对"计算层"，或者说文化对技术的影响同样不可忽视。这一点马诺维奇也意识到了，因而在给出上述公式的同时，他也对早年提出的"软件研究"进行了修正：

　　　　我觉得，这里需要一些修正。（在早年提出"软件研究"时）我曾把计算机科学当作一种"绝对真理"，好像这种"既定物"就可以用来解释文化如何在软件社会运作，但是计算机科学本身是文化的一部分。因而，我认为软件研究需要做的工作有两方面：一方面是考察软件在当代文化中的角色，另一方面是分析文化和社会力量如何塑造软件自身的发展。[1]

　　不难看出，曾经在马诺维奇看来，能够决定新媒介"是"什么的"计算层"，那些曾被其称为计算机科学的"本体论、认识论、实践论"部分，自身也只能在技术与文化的"关系论"视域中获得理解。还是以为照片加滤镜这个操作为例，虽然图像能呈现为什么取决于软件的功能，但通过光学设备改变光波成分的比例让照片呈现不同状态，这种被称作"滤镜"的做法，难道首先不是摄影文化的产物？在这个意义上，"滤镜"这一特定功能的算法反倒因为光学时代的文化遗产才成为可能。更重要的是，对于不受光学规律限制因而貌似有更大自由度的数字滤镜，"我们要开发什么样的滤镜""人们为何又如何

[1] Lev Manovich, *Software Takes Command*, New York, London, New Delhi, Sydney: Bloomsbury, 2013, p. 10.

使用滤镜""滤镜在不同场景承担什么功能",诸如此类在开发中占有重要地位的问题,无一不与文化和社会相关。换言之,不仅软件决定了"媒介可以成为什么",人们对一种媒介的理解、期待、使用甚至"盗用"方式,也能反过来决定处理它的软件可以成为什么。

由此,我们可以从马诺维奇这种从媒介研究通向软件研究的构想中,提炼出软件研究的三个核心问题:一是构成特定软件或媒介"计算层"的信息技术底层逻辑是什么;二是特定信息技术如何被文化/社会影响,比如计算科学如何在文化/社会的作用下发展,软件的开发和使用又如何受到特定语境中文化/社会的塑造;三是文化/社会如何被信息技术重构,包括软件及其实现的媒介形态如何影响人们的生产和消费方式,如何塑造人们的思维和行为方式,并进而在这个过程中成为塑造当代社会/文化的重要力量。我们将在下文看到,这同样也是富勒从"软件批评"出发而关注到的三个问题。

2. 富勒:为了批评软件,我们要诉诸文化

如果说马诺维奇是从媒介研究走向软件研究,那么富勒的出发点本身就是软件。如果前者的逻辑可以概括为"为了理解媒介而诉诸软件",那么后者则可以总结为"为了批评软件而诉诸文化"。

2003 年,就在马诺维奇刚刚提出"软件研究"不久,富勒在其关于软件文化的论文集中提出了"一种更加成熟的软件批评"(Software Criticism)。

什么样的批判和创造思想,才能推动软件领域的各项运动发展到可以破坏软件寡头的水平?……什么样的思潮正在兴起,让我们能够以一种全新的方式思考软件?如果计算机文章的作者之视野能够超出基准测试和比特率这样的狭隘关切,如果我们不再无休无止地阅读

那些讨论各种软件的各种版本之功能的文章，如果我们比那些只是分析如何使用滤波器和端口的工具性文章能多想一点，如果我们能拥有一种更加成熟的软件批评，那么这对于我们将意味着什么？[1]

那么，在科技圈的软件测评之外，我们为什么还需要一种更加成熟的软件批评，这种批评在技术关切外，还需要其他什么？为了说清楚该问题，还要回到软件自身的特性。

1958 年，在《美国数学月刊》的一篇文章中，图基（John W. Tukey）认为，对于一台现代电子计算机而言，作为"软件"的数学和逻辑命令已变得如晶体管、穿孔纸带和电线等物理和硬件设备一样重要。[2] "软件"一词由此锻造，并随着 1968 年 IBM 公司将软件业务独立出来，而逐渐形成了蔚为壮观的"软件产业"，发展出了整个信息经济。在富勒看来，软件之所以能从"数学和逻辑"的土壤中，成长成这样一种与社会生活各方面都能结合的产业和经济形态，依托于软件自身的一种内在特性。一方面，它建立在数学与逻辑的严密性与自洽性之上，这意味着如果仅就"计算"问题本身而言，计算系统几乎是一个只需诉诸自身的公理系统。[3] 另一方面，当计算发展成服务

---

[1]　Matthew Fuller, *Behind the Blip: Essays on the Culture of Software*, Autonomedia, 2003, p.11.

[2]　John W. Tukey, "The Teaching of Concrete Mathematics", *The American Mathematical Monthly*, Vol.65, No.1, 1958, pp.1–9.

[3]　按照 D. 希尔伯特所宣称，所有的数学问题都可以在数学内部获得解决。换言之，数学是一个兼具完备性与一致性的公理系统。正是在对这一设想的回应中，图灵提出了"可计算性"理论。根据邱奇—图灵论题，任何解决数学问题的系统方法都可以被翻译成"通用图灵机"来执行，而这一关于"可计算性"的假设则奠定了计算机理论的基石，成为计算科学实践的基础。

于特定领域的软件，就必须寻求与代码外的世界结合。因而构成软件的计算本身虽有其内部逻辑，却必须调整这套逻辑，以适配外部世界的需要。正是在这个越发适应外部的过程中，软件才能从一件自我封闭的逻辑玩具，变成一种能够影响世界的社会构件和文化造物。换言之：

> 计算有一种能力，将具有形式规整性的东西与更混乱的东西——非数学的形式、语言学、视觉对象及符码，以及从生态到色情、政治领域中发生的各种事件——混到一起的能力。正是这一悖论性的能力，赋予了计算强大的力量，也反过来让软件本身成为一种文化意义上的存在。这不仅是一种从外部发生在软件身上的影响，更是一种自内部让软件成为其自身的回响。[1]

也就是说，软件本就是计算逻辑与文化逻辑相互结合、融合与妥协的产物，没有这种混合，软件本身也无所谓存在。换言之，如果我们考虑形塑软件的因素，那么在计算／逻辑之外，必然还存在着一种来自社会／文化的力量，并且这并非意味着，前者是内部动因，后者是外部施因，对于软件这种混合物，计算／逻辑和文化／社会都是其内在组成部分。为了说明该问题，我们不妨以图形交互界面（Graphic User Interface，GUI）操作系统软件的发明为例。

大家知道，人类与计算机的早期交互方式主要是字符—命令式，这需要操作者掌握计算机语言，并具备一定数学／逻辑基础，计算机的使用门槛较高。后来个人计算机的缔造者阿兰·凯意识到了计算机

---

[1] Matthew Fuller, *Software Studies: A Lexicon*, Cambridge: The MIT Press, 2008, pp. 5-6.

模拟媒介的潜能，又受到当时最新认知科学研究成果的启发[1]，这才发明了能够让用户以更本能和原始的认知方式——视觉认知与运动认知相结合的方式——与计算机交互的图形交互界面。而 GUI 操作系统在发明过程中，凯和他的团队更是借用了"桌面""文件夹""垃圾箱"等视觉隐喻手段，让用户能够借助隐喻，以更贴近生活的直观方式——比如把桌面上的文件夹扔进垃圾桶——理解和执行本质上的逻辑 / 数学操作。正是如此融合了媒介、认知、隐喻等文化因素的 GUI 操作系统，以软件的方式重新定义了计算机，更让后来的个人电脑成为可能。也因此，据说 1984 年苹果公司发布第一代麦金塔电脑（Macintosh，简称 Mac）时，阿兰·凯曾做出这样一个断言：作为采用了 GUI 操作系统的第一代个人电脑，麦金塔电脑尽管问题重重，却是第一代真正值得"批评"的计算机。[2]如果我们认为，此话的前提是，只有具有丰富文化内涵的对象，才是值得认真"批评"的，那么软件就是在将人文和社会因素结合进自身逻辑的过程中形塑了自身，也因而逐渐成长为这样的批评对象。

---

[1] 皮亚杰（Jean Piaget）认为，儿童的认知发展经历了运动感觉（kinesthetic）、视觉和象征三个阶段。布鲁纳（Jerome Bruner）认为，这三个阶段并非前后替代，尽管它们先后发展出来，却以行为（enactive）、图标（iconic）和象征（symbolic）认知三种方式共存于成人的心智模式中。凯深受这一观点影响，试图把人机交互建立在人类尽可能多的心智模式之上。例如当我们用鼠标把文档拖拽到文件夹时，文档、文件夹及其图形环境激发的就是视觉认知，而用鼠标拖拽的行为利用的则是行为认知。Cf. Alan Kay, "A Personal Computer for Children of All Ages", in *Proceedings of the ACM National Conference*, Boston, 1972, http: //www.mprove.de/diplom/gui/kay72.html，2020-10-13.

[2] Steven Levy, *Insanely Great. The Life and Times of Macintosh*, *The Computer That Changed Everything*, New York: Viking Adult, 1994, p. 192.

尽管在原理上，软件依据其内在逻辑而必然包含文化/社会因素；尽管在事实上，软件在今天也确实全面介入我们的感官、意识和生活，软件批评在阿兰·凯上述断言40年后却依然局限于科技界，一直没有得到思想界的重视。在富勒看来，其主要原因并非知识分子的知识结构跟不上时代，而是因为两种常识的阻碍：一是软件通常被认为是中性的。而这一观点无疑是"工具是中性的"这一老观念的延伸。在人们的常识中，工具可以服务于不同目的，因而工具似乎由其目的掌控，其本身只是一种"无辜"的存在。但工具难道不在发明时就已然在自身中包含了其"目的因"？用于切割的工具，免不了锋利的形态；将刀具随身携带的民族，也倾向于好战之性情。换言之，工具一直以来都有其内在气性，这一点对于软件也同样适用。比如，为了方便程序员"写"代码，最早的字符处理程序才被发明出来[1]，虽然后来我们从中迭代出了今天大家用来"码字"的文字处理软件，但代码"书写"的模块化、拼贴化需要[2]，还是被嵌入了一代又一代的字处理工具，被传导给了当下的文字"书写"。因而今天的文章之所以比印刷时代更加模块化和拼贴化，一个经常被忽略的原因就是：代码"书写"的气性借其工具被转移到了"文字书写"中。

但对于富勒，更重要的是，软件非但不是中性的工具，还可以让很多并非中性的文化和社会问题，在转化为技术问题的过程中被掩盖

[1] Thomas Bergin, "The Origin of Word Processing Software for Personal Computers: 1976-1985", *IEEE Annals of the History of Computer*, Aug.-Dec., 2006, p. 33.

[2] 写程序之"书写"更依赖对既有解决方案的调用和改造，并且因工程效率、开源文化和产品兼容性等多方考虑，这样的调用和借鉴行为不仅被开发者群体允许，也在一定框架内被公开鼓励和推广。

起来，表现出一副中性、无辜的"自然"样貌。以笔者对城市数字地图的考察为例，在广告中号称"哪儿都熟""准没错"的城市数字地图，并非对"哪儿"的地理信息都一视同仁。数字地图也有一套"数据体制"，这一体制与地理信息自身的逻辑相关，与商家采集和利用数据的方式绑定，更与地图软件的商业和运营模式一致。这让地图必然偏爱一些数据，又忽视另一些数据，并在数据和流量的倾斜中塑造着用户的城市体验，也生产着城市的实体空间。因而，城市数字地图其实是可以承载甚至加剧一些现有的空间正义问题的。[1] 但这一点却很容易被其貌似"中立"的工具性掩盖。正因软件如此善于伪装成"中性的"，我们才更需要了解软件的工作机制，因为理解和改变一款承载着社会／文化问题的软件，在某种意义上，在今天也意味着理解和改变社会／文化本身。"当技术以一种可质询和可破解的方式被使用，就能在多个尺度上允许和推动我们将深陷其中的人们拉出来。但代码的可破解性（hackability）自身并非魔法子弹，它需要公开这种现状以及在过程中改变现状的技能、知识和途径。如果能将软件领域的知识和其他思想资源联合，或许就有希望从四面八方提升这种技术的可破解性。"[2]

在富勒看来，"软件"不被思想界重视的第二个原因，是它被想当然地认为是"非物质性的"。当然，如果我们认为"物"是由原子构成的，那么软件作为一个逻辑而非物理系统，当然是"非物质性

---

[1] 参见秦兰珺《城市数字地图：POI 数据体制与"流动空间"生产》，《探索与争鸣》2022 年第 2 期。

[2] Matthew Fuller, *Software Studies: A Lexicon*, Cambridge: The MIT Press, 2008, p. 4.

的"。一直以来我们总是习惯盯着软件承载的"信息和传播"做研究，而偏偏忽视了软件自身。但如果我们把软件当作一种"数码物"来考察，就会发现其数据层、程序层、交互层，以及开发过程中的各种内在特性等技术性因素，都可能在不同程度上影响甚至定义软件承载的媒介和文化自身。[1] 举一些常见例子：什么特征的信息更适合"刷屏"？这个问题除了需要我们关注内容本身，也需要考虑触屏尺寸及其手势交互方式的影响。为什么微博比其他平台更容易产生话题？这自然要考虑用户习惯，但也与微博的推荐算法和功能设计脱不了干系。为什么由众多流动和非固定商铺构成的城市边缘社区很难出现在数字地图上？这个问题除了受制于地图厂商的主观喜好，也与地图兴趣点（POI）数据标准自身的固定"定位"逻辑密不可分。[2] 为什么开源软件能够成功？这当然少不了"黑客伦理"和信息时代精神的加持，但更重要的是开源社区的软件生产方式，或许比起私有软件的闭门开发更能适应软件开发这项工作的内在需要。[3] 诸如此类不同层面的例子不胜枚举。换言之，一种数字内容的风格如何受其交互界面的形塑、一种数字经验的表征如何受其数据标准的过滤、一种数字媒介

---

[1] "物质性转向"是近年来人文社科研究的一个取向，富勒对软件"物质性"的强调，就发生在这个思潮的背景下。对该转向的介绍可参见章戈浩、张磊《物是人非与睹物思人：媒体与文化分析的物质性转向》，《全球传媒学刊》2019年第2期；曾国华《媒介与传播物质性研究：理论渊源、研究路径与分支领域》，《国际新闻界》2020年第11期。

[2] 参见秦兰珺《城市数字地图：POI数据体制与"流动空间"生产》，《探索与争鸣》2022年第2期。

[3] 参见秦兰珺《论青年亚文化与互联网生产方式的互动》，《文艺理论与批评》2018年第4期。

的特性如何受其编码格式的影响、一个数字平台的生态如何受其推送算法的塑造等，还有软件在整个开发 / 运营过程中的组织结构、商业模式、上市计划，以及贯穿整个过程的各种利益捆绑和集团斗争等，所有这一切都能构成软件的"物质性"。[1]

如果我们破除"软件是中性的""软件是非物质性的"这两种常识之束缚，就会发现软件也可以蕴含丰富的文化 / 社会内涵，也可以成为各方力量的角逐场所，不仅完全值得一种跨越科学技术和人文社科的"更加成熟的批评"，也完全值得一种跨越科学技术和人文社科的更加丰满的研究。在《软件研究：一本词典》中，富勒写道：

> 本书是否能提供一种"超级 X 射线"，能够使普通用户也能看到屏幕后面的东西，透过软件的不同层次、逻辑、可视化和排序，一直看到微电子层面的故障，再看到政治、文化和观念如何塑造用户使用的软件，然后再沿着线路进入世界，看到软件如何被迁移到世界中，并进而改写了它所接触的一切？本书是否为这样的愿景提供了哪怕仅仅是一幅路线图？答案不完全是肯定的。[2]

一种"X 射线"穿透软件，可以把科学技术、政治经济、文化社会各种因素串在一起。我们不妨把这段文字当作富勒构想中"软件研究"的愿景。

不难看出，这种愿景其实串联着和马诺维奇关注的问题十分类似

---

[1] Cf. Matthew Kirschenbaum, "Virtuality and VRML: Software Studies After Manovich", *Electronic Book Review*, August 29, 2003.

[2] Matthew Fuller, *Software Studies: A Lexicon*, Cambridge: The MIT Press, 2008, p. 1.

的三个问题：一是构成特定软件的不同层次是什么，二是形塑软件的社会和文化因素是什么，三是当代世界是如何被软件影响的。而这三个问题又彼此联系、相互嵌套，比如，某一社会和文化逻辑，如何借嵌入软件的某一层次，在影响软件的开发和使用中影响世界。尽管马诺维奇从媒介理论走向软件研究，富勒从软件批评走向文化研究，他们却从不同方向通向了对这三个问题的共同关注。而笔者认为，这三个问题也构成了软件研究的核心问题。尽管软件研究作为一个新兴、前沿、交叉领域，肯定会像富勒在《计算文化》简介中所言那样，吸收来自不同学科的研究方法，进而呈现出一种任何以"跨学科"为特征的研究领域都难免的纷繁杂芜和难以界定，但无论如何，所有方法上的杂交和移植、学科上的互鉴和对话，都是为了在具体研究中部分或完整回答上述三个问题。因而，我们认为，"软件研究"作为一个新兴研究领域，使其成立的除了研究对象及其跨学科方法，还有上述共同的问题意识。正是这一问题意识，在更根本的层面，构成了"软件研究"的存在理由。那么接下来的问题就是，这样的问题意识又为何要与"异化批判"结合？

（三）大众软件批判：异化批判与软件研究何以结合？

让我们从学术谱系再次回到本书主题：大众软件批判。如果我们说，大众软件批判位于异化批判和软件研究的交汇点，那么这两者结合的基础又是什么？笔者认为，这一基础主要体现在两方面：事实依据和理论支撑。下文一一分述之。

1. 事实依据：普遍异化的"迭代升级"

十分直观的是，今天软件已全方位建构了我们的文化和社会环境，正是在这样的"软件社会"，异化也随着各种各样的软件一起，进行着全面的"迭代升级"。在上文，我们梳理了劳动异化通向普遍异化的三条途径：从生产异化到消费异化、从体力劳动到精神活动、从产业劳动到非物质劳动三个方面。不难看到，其中所述各种异化形态，在当下几乎都可以借软件或在软件中发生并发展。首先，在消费异化领域，当代消费生活已经在各种电商平台和社交媒体中实现了全面升级。遍布全年的消费狂欢节连同各种直播带货、内容电商、种草笔记、朋友圈图文，正在把"景观社会"的逻辑推向新高。而城市空间也正在资本热衷的"城市更新"和"消费升级"中，与各种地图软件和本地生活服务平台合谋，努力把自己改造成信息流量、人员流动和资本流动的热点，成为"打卡经济""种草经济"青睐的网红空间。

其次，在精神异化领域，文化工业已成为由各大信息和视听服务平台承载的"网络内容产业"，网络内容中介着我们的经验，也塑造着我们的认知、情绪和行为。与此同时，内容和社交结合，人与人的关系在社交媒体的中介中被反映为信息与信息的关系，在点、评、赞等人际互动表征为数据指标的同时，人的关系也正在被改造为各种需要经营的生意。更重要的是，当信息和算法以各种方式作用于人的知、情、意，塑造着它们的内在发生逻辑，当人把这种系统逻辑内化于自身，"科技向善""媒介赋权"的观念也越发顽固地嵌入人的无意识，其结果就是：当批判科技几乎就等于批判我们自身，我们也越发难以对其进行更加自主、有效的反思。批判的"短路"，则意味着一个没有反对声音的"单向度的社会"。

最后，在产业劳动和非物质劳动异化领域，从软件自身来讲，作为"计算"科学的产物，软件本就极容易成为工具理性在数字时代的代言。如果说"泰勒制"下的工人经历的是从肉体到灵魂的机械化和计算化，那么今天的软件用户正在经历的则可能是从肉体到灵魂的数据化和算法化。《摩登时代》里与机械同频共振的"工人"的身心，正在向着《黑客帝国》里与数字瀑布流融为一体的"人"的身心转化。从软件应用来讲，软件／平台承担了当下各种新兴劳动的主要组织和发生空间：免费游戏的玩家、"为爱发电"的粉丝、被算法囚禁的外卖骑手、共享经济下缺乏保障的临时工、为维基百科提供经济智力劳动的志愿者、被自己生产的大数据"杀熟"和出卖的用户等，信息科技和新经济的发展全面打破了地方和全球、工作和生活、职业和业余、主动和被动劳动的区分，让劳动者及其劳动方式变得更加多元灵活，也让异化和剥削的方式变得更加隐秘高明。不夸张地说，特隆蒂笔下资本主义巅峰时刻的"社会工厂"，已经在大众软件及其催生的各种业态中初见雏形。

如果现代社会在 20 世纪的发展，已足够让异化走出工厂，奔向广阔的生活，那么现代社会在 21 世纪的升级，则正借权力、资本与技术的合谋，让"异化"以更加丰满和高明的方式，进一步演化成渗透在人们日常生活每个角落的"普遍异化"。正是在这样的趋势前，我们认为十分有必要以更具批判性的姿态，改写上述软件研究的核心问题：

> 软件的技术基础是什么？→异化借软件发生的技术基础是什么？
>
> 软件如何被文化／社会形塑？→软件及其使用如何被文化／社会异化？
>
> 文化／社会如何被信息技术重构？→文化／社会如何被软件异化？

在上述改写中,我们用"异化"这一更加具体、负面的动词,替代了原问题中"形塑"这类更加宽泛、中性的动词。但或许马上就会有人反驳,让异化批判与软件研究以这样的方式结合,如此让技术为异化"背锅"的倾向是否太偏狭?为了回应这个问题,这里首先要弄明白的是:技术究竟在异化中承担了怎样的功能?为此我们就要再次回到异化的理论资源自身了。

2. 理论支撑:技术异化的发生逻辑

让我们还是回到马克思。在《1844年经济学哲学手稿》关于"异化"的著名段落中,马克思主要将异化归因于私有制这一生产关系层面的因素。但这并不意味着,马克思的异化批判思想就不牵扯生产力本身。在《政治经济学批判大纲》著名的"机器论片段"[1]中,马克思明确写道:

> 在机器〔体系〕中,对象化劳动本身不仅直接以产品的形式或者以当作劳动资料来使用的产品的形式出现,而且以生产力本身的形式出现。劳动资料发展为机器体系,对资本来说并不是偶然的,而是使传统的继承下来的劳动资料适合于资本要求的历史性变革。

---

[1] 参见《马克思恩格斯全集》第31卷,中共中央马克思恩格斯列宁斯大林著作编译局编译,人民出版社1998年版,第88—110页。该片段标题是"固定资本和社会生产力的发展",它被意大利自治主义者当作重构马克思主义的主要依据,被奉为"圣经式的文本"。Cf. Franco Piperno, "Technological Innovation and Sentimental Education", in P. Virno, M. Hardt eds., *Radical Thought in Italy: A Potential Politics*, Minneapolis: University of Minnesota Press, 1996, pp. 123-129.

因此，知识和技能的积累，社会智力的一般生产力的积累，就同劳动相对立而被吸收在资本当中，从而表现为资本的属性，更明确些说，表现为固定资本的属性，只要后者是作为真正的生产资料加入生产过程。[1]

那么在自动化机器体系中，对象化劳动如何以"生产力"本身的形式出现呢？换言之，以解放生产力著称的自动化机器体系，如何与劳动异化发生关联？

马克思在相关段落主要讲了三层意思：首先，如果在工场手工业中，是人作为劳动主体在使用工具，劳动统一于活人中，那么，自动化机器体系的引入则意味着机器开始作为劳动主体使用人，劳动统一于"活"（能动）的机器中："活劳动被对象化劳动所占有……这种包含在资本概念中的占有，在以机器为基础的生产中，也从生产的物质要素和生产的物质运动上被确立为生产过程本身的性质。"[2] 其次，这种"从假物到假于物"的颠倒之所以能发生，是因为人的技能和智力被转移到了机器中，机器成为"能工巧匠"，人的劳动则相应贬值，他"站在生产过程的旁边"，不再是其主要作用者。与此同时，让机器如此运转的科学也"并不存在于工人的意识中，而是作为异己的力量，作为机器本身的力量，通过机器对工人发生作用"[3]。因而，无论

---

[1] 《马克思恩格斯全集》第 31 卷，中共中央马克思恩格斯列宁斯大林著作编译局编译，人民出版社 1998 年版，第 92—93 页。

[2] 《马克思恩格斯全集》第 31 卷，中共中央马克思恩格斯列宁斯大林著作编译局编译，人民出版社 1998 年版，第 91 页。

[3] 《马克思恩格斯全集》第 31 卷，中共中央马克思恩格斯列宁斯大林著作编译局编译，人民出版社 1998 年版，第 91 页。

是转移到机器中的劳动技能，还是制造机器的科学知识，人的智力都在自动化机器体系中表现为固定资本自身的属性，以一种"社会智力"的方式与被剥夺了知识/技能的人相对立。最后，之所以要发明这样的机器体系，是为了响应资本主义的发展需要，因为当劳动主体是机器时，生产力才能从人的肉身中解放出来，相对剩余价值才能从稳定高效、昼夜不休的机器中生产出来。因而，"整个生产过程不是从属于工人的直接技巧，而是表现为科学在工艺上的应用的时候，只有到这个时候，资本才获得了充分的发展，或者说，资本才造成了与自己相适合的生产方式。可见，资本的趋势是赋予生产以科学的性质，而直接劳动则被贬低为只是生产过程的一个要素……我们看到：一方面，资本是以生产力的一定的现有的历史发展为前提的——在这些生产力中也包括科学；另一方面，资本又推动和促进生产力向前发展"[1]。

不难看出，在这个过程中，科技以生产力本身——或者说转化为生产力的科学技术——的形式在三个层面参与了异化：一是在最直观的层面上，作为机器体系自动运转，把人变成系统的一个要素，一个"工具人"。二是作为凝结在机器中的"一般智力"，与被剥夺或缺乏相关知识/技能的人相对立。三是作为资本发展的前提与后果，让资本主义在其服务下获得更充分的实现。而这三个层面中，第三层面是原因，第二层面是第三层面的后果，第一层面是第二层面的后果，从第三层面到第一层面，整体上是层层递进的因果关系。这也意味着，尽管在第一层面、第二层面，我们看到的是机器体系这一"强大的机

---

[1] 《马克思恩格斯全集》第31卷，中共中央马克思恩格斯列宁斯大林著作编译局编译，人民出版社1998年版，第94页。

体"，在技能和劳动的双重意义上，对立于被剥夺了技能和劳动主体性的人，因而很容易得出结论，好像异化是由技术带来的，技术应该对异化负责，但其实这背后一直有第三个层面的资本逻辑做支撑。完整的故事应该是技术异化是资本在借技术实现自身之过程中产生的，如果技术在表面上是异化的直接原因，那么资本则是推动技术异化的根本动因。

后来马克思影响下的各种技术异化批判，在不同程度上就是对上述批判思想（或其某一层面）的发展或回应。其中最有影响的就是法兰克福学派的技术批判。不同于马克思的是，该学派由于在战后反思启蒙内在问题的整体思想取向，以及在卢卡奇影响下对"工具理性"负面效应的关注，在其思想倾向中，技术——作为工具理性的产物和载体——相比在马克思那里要重很多。上文在关于"启蒙辩证法""文化工业""单向度思维"的论述中多有论述，不复赘言。在此仅以在技术批判上的激进性著称的马尔库塞为例说明之。

在《单向度的人：发达工业社会意识形态研究》的导言中，马尔库塞写道：

> 在发达的工业社会中，生产和分配的技术装备由于日益增加的自动化因素，不是作为脱离其社会影响和政治影响的单纯工具的总和，而是作为一个系统来发挥作用的……在这一社会中，生产机构趋向于变成极权性的，它不仅决定着社会需要的职业、技能和态度，而且还决定着个人的需要和愿望……对现存制度来说，技术有助于促成社会控制和社会团结的更有效、更令人愉快的新形式。这些控制的极权主义倾向看起来还在另外的意义上维护着自己：把自己扩展到世界较不发达地区甚至前工业化地区，并造成资本主义发展与

共产主义发展之间的某些相似性。面对这个社会的极权主义特性，技术"中立性"的传统概念不再能够得以维护。技术本身不能独立于对它的使用；这种技术社会是一个统治系统，这个系统在技术的概念和结构中已经起着作用。[1]

相较于马克思的技术异化批判，马尔库塞主要在以下几个方面做了发展：一是把自动化机器体系的作用范围，从工厂拓展到整个社会。技术体系控制的不仅是工人，而是发达工业社会的方方面面。二是把马克思那里"资本对技术的利用"改造成"极权与技术的合谋"，并将这一合谋下的控制，当作一种同时能够作用于资本主义和共产主义社会的更普遍、更深层的逻辑来看待。三是把"科技进步带来生产力发展"这样一种观念，上升为一种遏制另类可能性的意识形态。当生产效率和增长潜力成为"稳定"的基石，技术合理性也变成了政治合理性，被包含在统治框架中。尽管马尔库塞确实谈到了，之所以选择这样的技术体系组织社会生活，根子上是占支配地位的利益作用之结果，但由于其观点上的激进性，还是经常被当作法兰克福学派"技术有罪论"的代表。

另一脉与马克思技术思想产生对话的，是以斯蒂格勒为代表的法国技术哲学。与法兰克福学派对技术的敌意不同，斯蒂格勒认为人是一种天生有缺陷的存在，而恰恰是技术作为人之外置"代具"或"义肢"，在弥补人之本原性缺失的同时，建构着人的本质。这也意味着，人在其本质中已然包含着一种本原性的外置与偶然。它并非总是生命

[1] ［美］马尔库塞：《单向度的人：发达工业社会意识形态研究》（第 11 版），刘继译，上海译文出版社 2014 年版，第 6 页。

的异化，也可以意味着一种"后种系进化"。[1] 在这样的思考下，斯蒂格勒尤其关注马克思文本中以生产和劳动体现的"人作为技术存在的外在化过程"。[2] 而在这个问题中，他又特别关注人的知识/技能（savoir-faire）以被转移进机器的方式，从手工工人那里被剥夺，让其沦落为无产阶级的过程。[3] 因为在斯蒂格勒看来，在黑格尔的主奴辩证法中通过劳动成为主人—资产者的奴隶，之所以在马克思笔下成

[1] Cf. Bernard Stiegler, *Technics and Time 1: The Fault of Epimetheus*, trans. R. Beardsworth and G. Collins, Stanford: Stanford University Press, 1998. 该观点受到了古人类学家古杭（Leroi-Gourhan）的"生命外置化"和技术哲学家西蒙东的"个体化"（individuation）思想的影响。但其最通俗易懂的表述是"爱比米修斯的过失"：在希腊神话中，众神委托普罗米修斯和爱比米修斯给每一种动物分配以一定用于生存的性能（比如把飞行羽翼给鸟，把尖牙利爪给兽，把灵敏嗅觉给狗，把夜视能力给猫等）。由于爱比米修斯的失误，当他把各种能力给动物分配殆尽后，才发现人类赤身裸体，什么都没分到。为挽救人类，普罗米修斯盗火将技术和文明送给了人类。人类作为一种天生有缺陷的存在，凭借技术创造的各种外在的"代具"生存下来，而技术也在这个意义上建构着原无本质的人之本质。

[2] 在斯蒂格勒看来，马克思关于"人作为技术存在的外在化过程"的思想，从《德意志意识形态》中的"人的存在变成人的生产"时就开始了（参见《马克思恩格斯文集》第1卷，人民出版社2009年版，第519—520页），在机器论片段中下述有关"一般智力"的论述中达到新高（参见《马克思恩格斯全集》第31卷，人民出版社1998年版，第102页）。参见张一兵、[法]贝尔纳·斯蒂格勒、杨乔喻《技术、知识与批判——张一兵与斯蒂格勒的对话》，《江苏社会科学》2016年第4期。

[3] 在斯蒂格勒看来，这一洞见主要出自《共产党宣言》中关于"无产阶级化"的论述。参见[法]贝尔纳·斯蒂格勒《南京课程：在人类纪时代阅读马克思和恩格斯——从〈德意志意识形态〉到〈自然辩证法〉》，张福公译，南京大学出版社2019年版，第90页。

了被剥夺的无产者，首先是因为马克思的劳动主要发生在现代工厂，巨大的机器体系把劳动者的知识／技能吸收进生产资料，人的劳动自身就不再有技术含量和价值了，正是这样的"知识丧失"开启了人之"无产阶级化"的进程。

斯蒂格勒认为，这个首先由"知识丧失"而非财产剥夺定义的"无产阶级化"，更能说明当下人类（包括资本家在内）的普遍处境，并将随着信息社会的发展愈演愈烈：

> 从工业民主的废墟中生长出了今天的超工业社会，而超工业社会则构成了完整的无产阶级化（proletarianization）的第三阶段。在 19 世纪，我们看到的是技能知识（savoir-faire）的丧失，在 20 世纪，我们经历的是生活知识（savoir-vivre）的丧失。在 21 世纪，我们正在见证的是一个理论知识（savoirs théoriques）也丧失的时代之诞生，似乎我们的震惊源自一种我们根本不能对此作出思考的发展。[1]

换言之，如果机械系统和机器体系带来的是"如何做"的技能知识之丧失，广播电视和大众传媒带来的是"怎样活"的生活知识之丧失，那么网络信息和智能社会带来的则是"怎么想"的理性本身之丧失。正是诸如此类的知识丧失，让本可以建构人之本质的技术，成了异化人的技术。但我们却始终不能忽视，知识的外化虽会带来"无产

[1] ［法］贝尔纳·斯蒂格勒：《南京课程：在人类纪时代阅读马克思和恩格斯——从〈德意志意识形态〉到〈自然辩证法〉》，张福公译，南京大学出版社 2019 年版，第 45—46 页。

阶级化"的威胁，但知识的建构也恰恰依赖于知识的外化（比如文字技术在思想的外在化中建构思想）。换言之，技术能让人进化，也能带来异化。而其判断依据就是：人的能力（干、活、想的能力）在知识的外化中是增强了还是丧失了。也就是说，异化不是技术固有之问题，而恰恰很可能是技能／知识在外化中被剥夺之结果。比如，今天，各种大众科技以便捷和舒适为名，让用户自甘充当各种"傻瓜"（比如傻瓜相机、手机，傻瓜式交互，一键生成），人总是处于知识丧失的状态，才造成了今天我们这个超工业社会的"系统性愚钝"。因而，在斯蒂格勒看来，知识无产阶级在今天所能做的是像开源软件社区那样，通过公共的知识创造手段，形成公共、共享和开放的知识，在"去无产阶级化"的过程中，克服资本主义，克服异化。[1]

不难看出，法兰克福学派和当代法国技术哲学关心和发展的分别是马克思技术批判的不同层面。整体上，前者在工具理性批判和启蒙辩证法的关切下，比较关注的是技术作为统治系统对人之控制。这可以看作对马克思上述思想第一层面的强调和发展。后者在技术作为人之本质性外置的视域中，更关注"人作为技术存在的外在化过程"，以及该过程中可能发生的由"知识丧失"带来的异化和无产阶级化。这无疑是对马克思上述思想第二层面的强调和发展。至于第三个层面，二者都有所涉及，前者更突出的是技术基于其内在特性与统治合谋，而非仅仅被资本利用，所以针对整个技术统治系统的否定思维和反对声音就十分必要。后者更突出人之技术存在本就内蕴的正向建设潜能和负面异化风险，资本和权力不过助推和利用了其中的风险，因

---

[1]　参见张一兵、[法] 贝尔纳·斯蒂格勒、杨乔喻《技术、知识与批判——张一兵与斯蒂格勒的对话》，《江苏社会科学》2016 年第 4 期。

而缓解方式首先是发挥出其中"好"的外在化的力量，以平衡或缓解"坏"的外在化。

让我们再次回到本节开头的问题：技术在异化中究竟扮演了什么角色？综合并调整上述观点，这里总结为 5 条：（1）人本质上是一种技术的存在，这种存在方式同时包含着进化可能和异化风险；（2）技术本性中的建构因素被抑制，是异化发展出来的原因与结果；（3）在执行层面，技术确实常常表现为异化的直接原因；（4）但异化很难由技术自己产生，而是在技术与资本／权力的合作中发生的；（5）技术异化的问题，能以发挥技术内在建设性潜能的方式获得平衡或缓解。

以上就是本书在技术异化问题上的基本立场，也是大众软件批判对待技术异化的基本态度。而我们在软件研究和异化批判的交汇点上提出的上述三个问题，也正是在这样的立场下才能展开的。具体来说，异化借软件发生的技术基础是什么？软件及其使用如何被文化／社会异化？文化／社会如何被软件异化？提出这三个问题，并不是为了让技术为异化"背锅"。相反，我们认为，软件同时包含着增强和异化人的潜能；增强人类能力的潜能被抑制，是异化在软件中发生和发展的原因和结果。尽管在今天，大众软件常常充当着异化的直接执行者，但异化并非产生于软件自身，其背后有复杂的政治经济和社会文化逻辑，以及这些逻辑借软件或在软件中发挥作用的复杂而曲折的机制。最终，我们也相信，软件异化的问题，能以发挥文化批评及其相关实践的方式获得缓解（虽然根本上还需要政治经济方面的因素来对治），而这也是我们在这里展开大众软件批判的动因。

正如西蒙东在《论技术物的存在模式》中所言：

文化对待技术物，就像我们对待陌生人——当我们允许自己被一种原始排外情绪左右时……但无论如何，这个陌生人依旧是人。一种充分发展的文化是允许我们发现陌生人，把他当人来对待的。而机器就是那个陌生人，那个某种人性因素尽管在其中被封锁、误解、物化和奴役，不妨依旧可以成为人的陌生人。在当代世界，异化最强大的原因就寄居于我们对机器的误解中。这种异化并非由机器产生，而是由我们对机器的特性和本质的无知产生，这让机器在意义的世界缺席，从构成文化的价值和概念清单中消失。[1]

　　因而，大众软件批判并非与技术对立，在某种意义上它对待技术的态度恰恰相反。它批评的前提是把软件当作一种可以建构存在和意义的批评对象来看待，当作一种本就内蕴丰富文化内涵和人性因素的人之技术性存在来看待。它批评的目的是，缓解由我们对技术的无知和缺乏反思而产生的异化。尽管反思和批判，一直都不是最终能解决问题的关键，甚至在今天常常被认为是最苍白无力的呻吟，却依旧不妨碍其成为一切改变的开始。

---

[1] Gilbert Simondon, *On the Mode of Existence of Technical Objects*, trans. C. Malaspina and J. Rogove, Washington: Univocal Publishing, 2017, p. 16.

第一章

工具和工作

第一节

文字处理软件：
书写的大众软件化及其后果

　　笔者（并未拿"笔"）正在文字处理软件 Microsoft Word（以下简称 Word）上敲击您看到的这篇文章。如果您也是一位文字工作者，或许这也是您每天要做的事情。每一位和文字打交道的人，都对"何为书写"有着独特理解。但您是否想过，你我都在使用的文字处理工具——确切地说，我们的文化鼓励我们制造和使用这个工具的方式——正在悄然改变"书写"本身？

　　尼采曾在打字机的时代断言："我们的书写工具也在我们的思维上书写。"[1]这样的想法并非哲学家的危言耸听。近一个甲子之前，现代计算技术和应用的先驱恩格尔巴特（Douglas Engelbart）写下了著名的《增强人类智能：一个概念框架》，提出计算机应能成为辅助人

---

[1]　F. Nietzsche, *Letter toward the end of February 1882*, citing from F. Kittler, *Gramophone, Film, Typewriter*, trans. Geoffrey Winthrop-Young and Michael Wutz, Stanford: Stanford University Press, 1999, p. 200.

类智性工作的工具 [1]，他首先想到的就是文字处理。当有人问他，为何从文字处理入手开启整个"增强智能"工具的研发工作，恩格尔巴特这样回应道：

> 文字处理为何会成为我们起航的地方，这显而易见，因为操控文字（manipulating words）是一种操控观念的方式，而观念，恰恰是我们知识和思维的核心。[2]

语言文字不仅是思维的外壳，而是思维本身，对文字的处理就是对观念本身的处理。因此，文字工具不仅仅是书写的载体，更潜移默化地影响着"书写"本身，影响着我们的观念生产这项活动。尤其是今天，文字处理已深深融入我们的各种行业规范（公文、出版）和人事制度（职称、招聘），成为垄断书写的工具，我们更需反思，每天辅助我们书写的这个"助手"，究竟能在何种程度、以何种方式、因何种原因影响这项活动本身，而这一切对于我们的文化诠释和生产又意味着什么。

或许对于很多以书写安身立命的文字工作者来说，这样的反思并非乐事。但正如福柯在《词与物》结尾的隐喻，如果关于"人"的现代观念都不过像历史的浪花在海滩上留下的沙画图案，那为什么书写——或者说我们理解的那种与印刷文明相伴的"书写"观念就

---

[1] Cf. D. Engelbart, *Augmenting Human Intellect: A Conceptual Framework*, Stanford Research Institute, 1962, https://www.dougengelbart.org/content/view/138/000/, 2020-10-13.

[2] M. Mitchel Waldrop, *The Dream Machine*, Minneapolis: ACM Press, 1996, p. 214.

一定不会被信息时代的浪潮重塑。其实，"书写"本就是一个历史产物。根据翁（Walter J. Ong）在《口语文化与书面文化：语词的技术化》中的研究，在文字和书写出现之前的口语文明中，从来就不存在封闭或完成意义上的文化成果，人类知识总是在开放的文化互动中生成，并面向开放的文化互动而生成。同时由于记忆的特征，太过原创的内容因为很难被保留下来而鲜有生命力，各种套路和程式不仅被承认合法，更被公开传授，这让口传文化呈现出一种十分显著的程式特征。后来，是文字的发明让人类智识经历了从时间范式到空间范式的转化。知识摆脱了时间的易逝和多变，经由文字被固定在静态的空间中。不仅空间中的书写为知识生产带来了静观的可能和反思的便利、催生出基于高强度思辨的严密逻辑和复杂论证，而且这种逻辑和论证传统也借由文字传播和传承下来，成为精英文化的象征。同时在这个过程中，书写本身也成为一项以"个人孤独的创造"著称的活动。后来，这一变化更是在印刷技术和现代社会的发展中，进一步催生了"作者""原创""版权"等观念，以及与此相关的整个知识阶层和产权行业。[1] 虽然在我们今天看来，诸如"书写是安静的""书写是反思的""书写是孤独的""书写是原创的"之类的观念几乎已经成为"何为书写"的基本共识，但必须承认，它们的确只是文字和印刷文明的伴生观念。在这个时代之前，这样的书写不存在，在这个时代之后，这样的书写会改变。因此，我们的确没有理由认为，在越发走向历史前台的数字文明中，书写也将完整保留其继承自印刷文明的那些特征。

---

[1]　Cf. Walter J. Ong, *Orality and Literacy: The Technologizing of the Word*, London and New York: Routledge, 2002.

那么在数字文明与书写的丰富互动中，我们为何要选择文字处理工具这个切入点？首先，必须承认，今天当我们在谈论新媒介的特性时，我们其实也在间接谈论实现它的媒介工具之特性。换言之，软件之外无媒介。在以软件为中介的数字书写体验中，书写能够被如何感知和实现，直接与浏览、编辑和输出文字的工具密不可分。[1] 因此，考察文字处理软件不失为我们从生产工具的角度反思今天"何为书写"的直观路径。其次，某文字处理功能的开发、应用和普及，必然建立在它对书写"是什么"和"能是什么"的理解之上，而这必然与其发明者和目标用户对这些问题的认识和需求密不可分。因此，考察文字处理软件又不失为我们从书写主体的角度理解"何为书写"的间接途径。

在接下来的三部分中，我们将结合代表性文字处理工具和书写文化现象，探索以下三个问题：数字书写的媒介和技术文化背景是什么？文字处理工具自身的功能特征对书写有何影响？我们的文化鼓励文字处理被使用的方式又强化了书写的哪些特征？必须承认，在数字文明刚开始之际，在文字处理技术和应用尚在发展之际，这样的探索只是一个有限的开始。

一、文字处理工具和书写的重新定位

在笔者写作时，以上标题中的"一"，由 Word 的自动编号功能生成。笔者还将该标题刷成了样式组件中的"标题 1"，这样就可以在导航窗格中方便浏览文章结构，并在文章完成时自动生成目录。与此同时，笔者的长辈正在另一台电脑上写文章，他完全不懂这些花里

---

[1] Cf. Lev Manovich: *Software Takes Command*, New York: Bloomsbury, 2013, pp. 33-39.

胡哨的功能，只是埋头使用手写笔，一笔一画、一字一字从头到尾刻苦输入。如果说对于笔者而言，使用 Word 是完全不同于手写的一种体验；那么对于笔者的长辈而言，所谓数字书写，无非以前在稿纸上写，现在在屏幕上"写"，书写本身没有实质改变。不难看出，这是属于不同时代的两种书写体验，但它们却能够同时被文字处理这一数字时代的书写工具兼容。那么，我们应该如何理解这两种模式此处的共存呢？或者说，当笔者和笔者的长辈以完全不同的感知和互动方式在数字界面上"书写"时，我们能在何种意义上用"书写"一词同时指称其行为呢？我们又该如何理解数字界面上的书写？

（一）好像在"写"：计算模拟的书写

理解上述问题，我们必须要从凯对计算机的定义说起：

> 它（计算机）是一种媒介，可以动态模拟其他任何媒介的细节，包括那些不可能在物理意义上存在的媒介……它是一种元媒介，因此拥有表征和表达的自由，这种自由前无古人，有待探索。[1]

计算机不仅是一种媒介，而且是一种元媒介，一种可以模拟其他所有媒介的媒介——不仅模拟已经存在的媒介，还能模拟新的媒介特性。如果此时我们再来反观以上问题，就不难理解，文字处理软件之所以能兼容上述两种书写体验，关键秘密就在"模拟"。也就是说，它一方面可以对传统书写进行移植性的模拟，让书写以旧有方式被搬

---

[1] Alan Kay, "Computer Software", *Scientific American*, Vol. 251, No. 3, 1984, pp. 41-47.

上屏幕；另一方面又同时能够对其进行延伸，让书写以"不可能在物理意义上存在"的数字方式获得拓展。因此，如果要问此时我们在什么意义上书写，只能说我们是在模拟的意义上"书写"。这就意味着，书写，不过是模拟的结果。无论是模拟旧形态的书写还是模拟新形态的书写，在书写的表象之下，真正运作的其实都是一套完全不同于书写的逻辑，正是后者在数字交互界面上模拟出一种近乎完美的"书写感"，支撑着用户"好像在写"的感觉。

那么，这种差异于书写的逻辑究竟是什么呢？为了回答这个问题，我们不妨思考一下：在软件出现之后，媒介的实质究竟是什么？根据马诺维奇的定义："媒介在软件的定义和用户的体验中存在，它是数据结构和算法的组合，后者用来创造、编辑和查看储存在该结构中的数据。"[1] 换言之，媒介 = 算法 + 数据结构。因而，媒介软件是一种工具，方便我们调用算法，作用于某一类型的具有特定结构的媒介数据。就文字处理软件而言，这样的数据就包括字符数据和格式数据，而这样的算法则包括诸如复制算法、粘贴算法这样的媒介通用算法和诸如自动换行（word-wrap）算法这样的文字处理特定算法。因此，所谓屏幕上的"书写"体验，实质上是算法作用于字符和格式数据模拟出的书写界面和书写功能。在这里，"书写"仅仅是输入端和输出端的感觉，模拟的实现则要仰仗算法对数据的处理。例如，同样的文章目录，可以手动输入，也能使用"引用"算法自动生成。但前者是人工"写"出来的，后者是自动"算"出来的，后者显然更能发挥文字处理工具"算法处理数据"的特性，也更能体现数字书写的优

---

[1] Lev Manovich: *Software Takes Command*, New York: Bloomsbury, 2013, pp. 211-212.

势。但这也意味着，我们需要事先按照"算法处理数据"的需要对书写进行调整，在上述案例中，就要用合适的样式将章节标题标示出来，让其成为一种带有恰当格式的字符数据，以满足"引用"算法生成目录的条件。不难看出，此时的书写其实已经被另一套外在逻辑影响了，而这套逻辑，就是算法和软件的逻辑。正是这一差异于书写的机制，既可以完美地模拟和拓展书写，又可以悄然地改变和定义书写。

以 2016 年版 Word 交互界面的组织特性为例说明该问题。该界面折叠着 1500 多个命令，这些命令在本质上都是由程序封装的算法，方便用户调用以处理被选中的字符数据及其附带的格式数据。需要注意的是，这 1500 多个执行层面上的命令，在整体上是以层级方式被组织起来的：其顶层是标签（例如"开始""插入""审阅"等），下级是命令组件（例如"开始"标签下的"字体""段落""编辑"组件等），再下级是功能子组件（例如"字体"组件下的"字体""字号""颜色"等），底层则是可执行的命令（例如"字体"下的"宋体""楷体"等）。这样一来，每一次在文字处理软件中发生的书写活动，也就成了这个层级机制运作下的系统活动。换言之，如果说曾经的书写是下笔时内容、笔墨、风格、章法在书写者人格主导下的一次性生成，那么 Word 中的书写则是在编辑、字体、段落等不同部门分工合作下的系统输出。我们为何要以层级系统的方式组织文字处理的命令？除了功能组织的内在需要，同样重要的还有开发团队的组织特征。在微软的研发文化中，"产品结构和项目结构相映射"是一大特色。[1] 换言之，微软用功能团队组织项目，相应地，也用功能特性组

---

[1] 参见［美］科索马罗、［美］塞尔比《微软的秘密》，章显洲等译，电子工业出版社 2010 年版，第 52—61、162—173 页。

织产品。因此，Word 层级化的命令菜单与其垂直化的开发团队大体同构。不难看出，在这个过程中，工具生产者和工具本身的组织特征相互强化，而该特征又影响到书写本身，书写活动由此被嵌入一整套现代层级系统的运作中，从一种个人直面的活动转化为一项系统中介的行为。我们学习用 Word 书写的过程，就是学习与这套功能层级交互的过程；而我们书写的过程，也就成了调用这套系统执行命令的过程。

综上，文字处理中的书写是一种模拟意义上的书写，它将书写从物理上存在的活动转化为数字模拟活动，并且在这个过程中，书写与模拟它的数字工具的特征紧紧捆绑在一起。但我们也必须看到，数字工具若想影响到普通老百姓，必须有十分友好的方式作为中介。这个方式是如何发生并登上历史舞台的？此处就要简要提及文字处理软件的发展历程，以及在这个过程中视觉文化越发显著的作用了。

(二)图上之书: 视觉包装的字符

今天当我们说起大众文字处理软件，第一个想到的或许就是 Microsoft Word。但在微软的垄断时代到来之前，曾经有不下 400 种文字处理软件先后问世，同台竞争。如果回顾一下 Word 称霸的历程[1]，就会发现，这里的核心牵引力并非文字处理功能的提升，而是微机操作系统的发展以及这个过程中视觉文化与计算文化的交融。1974 年，第一代微机操作系统 CP/M（Control Program for

---

[1]　Cf. Thomas Bergin, "The Origin of Word Processing Software for Personal Computers: 1976-1985", *IEEE Annals of the History of Computer,* Vol. 28, No. 4, 2006, pp. 32-47; Thomas Bergin, "The Proliferation and Consolidation of Word Processing Software for Personal Computers: 1985-1995", *IEEE Annals of the History of Computer*, Vol. 28, No. 4, 2006, pp. 48-63.

Microprocessors）发布，在后来近 10 年成为一代操作系统的行业标准。那时市面上有 WordStar、Electric Pencil、Easywriter 等多种文字处理软件，它们在文字处理功能上其实大同小异，只是 WordStar 与 CP/M 适配得更好，并且能以文档在屏幕上显示的样子打印文档，这一当时在 WordStar 广告中被称作"所见即所得"（What you see is what you get）的独特优势对于用户十分友好，一举让 WordStar 成为当时最受欢迎的文字处理软件（见图 1-1）。需要说明的是，这里的"所见即所得"借用的是图形用户界面（Graphic User Interface，简称 GUI）的一个设计原则，指的是用户在视图中所看到的文档与该文档的最终产品具有相同的样式。虽然 GUI 此时已在实验室存在，但 WordStar 所处的 CP/M 运行环境远非图形交互，真正面向市场的 GUI，要等到苹果公司推出第一代麦金塔计算机（Macintosh，简称 Mac）才面世。

图 1-1　WordStar 于《个人计算》（*Personal Computing*）1981 年 1 月刊登的广告

1981 年，第二代 PC 操作系统行业标准 MS-DOS 登上历史舞台，CP/M 时代的文字处理霸主 WordStar 也让位于更能适配 DOS 系统的 WordPerfect。其实，那时在 DOS 上运行的 Microsoft Word 已经存在了，但在功能和售后上都无法与 WordPerfect 媲美。[1]Word 后来何以胜出？反讽的是，成就它的并非其文字处理上的能力，而是图形交互上的优势。原来微软在它自己研发的 MS-DOS 尚在风靡之际，就已经开始把主要战略转移到新一代图形操作系统 Windows 的研发上，并在 1985 年发布了 Windows 的第一个版本。同时，微软还投入大量精力，为图形用户界面的翘楚苹果电脑研发应用软件，其中就包括同样在 1985 年发布的 Microsoft Word for Macintosh。[2]此后，随着个人电脑硬件能力提升，以 Windows 和 Apple OS 为代表的图形操作系统更加普及，深谙图像交互之道，同时也更能发挥图形操作系统性能，例如具有插入图片和艺术字等功能的 Word 也就自然击败了 DOS 时代的 WordPerfect，成为第三代文字处理软件的霸主，并随着微软软件帝国的扩张，进一步从该领域的霸主软件晋升为霸权软件。从此，由视窗、下拉菜单、图标等构成的图形交互界面以及该界面折叠的各种文字处理功能，就几乎成了文字处理唯一的标准。任何文字处理工具（例如 WPS），哪怕是要与 Word 竞争，首要工作也是与 Word 兼容（见图 1-2）。

---

[1] 此时的 WordPerfect 已拥有自动目录、自动索引、灵活加注和改进版的自动纠错等突出的文字处理功能，并建立了公司直营的电话售后网络，解决了众多学习和使用软件的困难，这在当时的软件市场堪称首创。

[2] 苹果公司在 1984 年正式发布第一版 Mac，其交互界面基本上是施乐帕克实验室 10 年前发明的图形交互界面的大众版，但在当时已经十分显眼。第一版 Mac 其实配有一款文字处理软件 MacWrite，但它只能处理 8 页之内的文档，远不及后来微软为其开发的 Word 功能强大。

图1-2 DOS下的文字处理工具界面(左)和Windows下的文字处理工具界面(右)

不难看出，主导以上文字处理软件发展的线索，其实是交互环境从字符到图形的演变，也就是图像文化借数字文化的兴起。在凯于施乐帕克研究中心（Xerox PARC）发明第一个图形用户界面之前，人类与计算机的交互方式主要是字符—命令式。根据当时最新的认知科学研究成果，人类有着多元的认知模式，在以字符为代表的象征模式之外，还有视觉认知和运动知觉，尤其是后两者，因为更贴近人类的早期认知方式而更加本能、直观。凯深受这一观念影响，他发明 GUI 的初衷，也是利用人类本有的多种认知方式，而非仅仅是以语言为代表的象征模式，让用户与计算机以更自然的方式交互。只不过视觉对人类认知方式的作用实在太显著，人机交互干脆就被设计成了图形交互式的。1984 年苹果公司发布第一代 Mac，GUI 开始向大众市场进军。到 20 世纪 90 年代末期，图形交互环境已成为个人电脑的标配，也反哺着个人电脑的发展。必须承认的是，今天文字处理之所以能深入寻常百姓家，多亏搭上了图形交互界面的便车。不夸张地说，没有图形交互界面，个人电脑就很难普及到今天的程度；没有个人电脑的普及，文字处理就很难成为垄断书写的工具。但此处一个悖论也随之产生：一个试图增强人类书写能力、辅助象征认知模式的工具，其使用前提却是用户视觉认知模式的运作。

更重要的是，图形交互界面为视觉文化借数字媒介的繁荣做了铺垫。此后，随着计算机硬件性能和图像技术的进一步发展，视觉文化在数字时代全方位爆发。视觉传达和视觉修辞在信息传递中扮演着越发重要的角色，也悄然地塑造着人们的主导认知习惯。文字作为象征认知模式的代表，不得不在视觉认知的全面复苏和发展前调整自身：文字在整体上变得越发短小、直观，越发疏离于理性论证和复杂逻辑，越发倾向于感官刺激或情绪煽动，越发在艺术字和各种动画效果的装扮下变得视觉化……一句话，越发变得适应人类的视觉认知模式。[1] 这也意味着，以文字处理工具为中介的数字书写，是以图像认知为前提展开的，又是在图像文化构成的媒介环境中存在的。无论我们是否愿意承认，这就是文字处理工具登上历史舞台的媒介文化背景：它似乎顺应天时，是增强人类智能的自然起点；又好像生不逢时，在差异文化的前提下才能生存和运行。就这样，在计算的编码和图像的包围下，书写经历了重新定位。那么，有着如此时运的书写在文字处理工具的影响下，又发生了哪些值得关注的变化？

二、文字处理功能对书写的影响

大众文字处理工具最早来自计算机发烧友圈子发明的一款方便编程爱好者编写代码和对代码进行排错（debug）并记录该过程的

---

[1] 参见秦兰珺《PPT：视觉艺术的修辞和视觉艺术化的修辞》，《上海艺术评论》2017 年第 2 期。

工具包。[1] 经过多轮改进,其功能从写代码的小众领域拓展至写文章的大众空间,这就有了 1976 年正式发布的第一款大众文字处理软件 Electric Pencil。从写代码的工具发展出来的文字处理软件,自然要具备强大的"可写"性能。对此,Electric Pencil 1976 年的用户手册这样描述:

> Electric Pencil 是字符导向的文字处理系统。这意味着,整个文本能够以字符流的方式被连续输入,也能以字符流的方式被操纵和修改……这里不对文章布局有任何限制,无论是字符、单词、句子或段落,无论它们有多少,你都可以在任何地方插入它们、在任何地方删除它们……你也无须操心换行和断字,这些格式都由软件自动生成。[2]

简短几句话,后续文字处理工具的显著特征——流水般的速度、

---

[1] 在家酿计算机俱乐部(the Homebrew Computer Club)1975 年的一次聚会上,马什(Bob Marsh)在同行中分享了好几个工具包,其中第一个就是方便编程的字符工具包,被称作 SP1(Software Package 1)。当时的施拉耶尔(Michael Shrayer)正好也在从事编程工作,于是顺便扩展了 SP1 的功能,就有了 ESP1(Extended SP1)。ESP1 广受好评,施拉耶尔开始有偿为发烧友在不同机型上安装 ESP1。与此同时,他还要提供 ESP1 在该机型上的代码记录文档。由于字符工作量巨大,施拉耶尔发明了字符处理的工具,这就有了大众文字处理软件的原型。Cf. Thomas Bergin, "The Origin of Word Processing Software for Personal Computers: 1976-1985", *IEEE Annals of the History of Computer*, Vol. 28, No. 4, 2006, p. 32.

[2] Thomas Bergin, "The Origin of Word Processing Software for Personal Computers: 1976-1985", *IEEE Annals of the History of Computer*, Vol. 28, No. 4, 2006, p. 34.

强大的编辑功能和格式功能已初露端倪。尽管在传统书写文化中，批阅增删也是常事，但"随处增删随意字数"的能力，恐怕在数字书写时代方才可能，在数字书写时代之前或许也并非必需。遗憾的是，自此，书写活动并未因为变得更加方便推敲而越发审慎，也并未因为不需操心格式琐事而更加专注。相反，此处实际发生的恰恰是：靠着文字处理后续越发强大的编辑和格式功能，改写拼凑顺势发展成为一种数字时代的"修补匠"式的书写方式。与此同时，格式和版式也反客为主，助推形式主义与书写的结合。而在这个过程中，书写也被悄然改变。

（一）"码字如有神"：模板、素材和"修补匠"式书写

或许对于程序员群体，改写既有算法和程序模块搭建新程序，是一种再普通不过的代码书写方式。这样的书写形态，是否直接影响了文字处理工具及其配套模板和素材插件的开发，已很难求证。但随着文字处理软件和数字书写越发深入大众日常书写活动，一种以改写和拼凑为特征的"修补匠"式的书写文化，确实正借着文字处理工具提供的强大功能，逐渐成长为数字时代的重要书写形态之一。譬如，当我们打开 Word 的"新建"菜单，这里除了空白文档，还内嵌了各种带有格式和字符的文档模板。它们以向导的方式告诉用户不同类型的文档应该键入什么内容，更以填空和改写的方式降低了书写门槛，减轻了用户"面对一张白纸，不知如何下手"的书写焦虑（见图 1-3）。

除了内嵌模板，在 Microsoft Office 的官方网站、各类书写论坛和机构内模板库，更充斥着海量诸如此类的模板素材，它们提供了千千万万文档类型的范例，不仅规范着通知、简报、总结、投标书等公文实用文体，也示范着情书、家书甚至遗书等个体书写类型。不夸

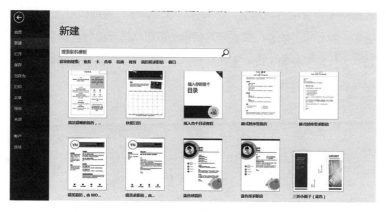

图1-3 Word 2016"新建"命令内嵌的模板搜索界面

张地说，对于熟悉这套文化的人来说，这些模板不仅是当下最实用的书写实践素材，更充当了今天最便捷的文体教学工具，以最接地气的方式，定义了什么是各色文体，同时也在这个过程中悄然影响着人们的书写习惯。如果起先文档向导只是为了让初学者避免面对空白的恐惧，那么今天从"新建空白文档"开始书写，则已经沦为一种"不善假于物"的笨拙了。善用搜索、善用素材，找出最贴近需要的模板，再改写成符合自身需求的文档，似乎才是今天最时尚的书写方式。

不难理解，如此书写方式最明显的优势就是快速。当下以速度著称的文字生产行当无疑就是网络文学。不难理解，针对网文写作的量产需要，今天会涌现众多专门服务于该领域的文字处理工具，比较著名的有"小黑屋""橙瓜码字""墨者""笔神""壹写作"等。此类工具一般都带有屏幕锁定功能，一旦开启，用户必须"码"够一定字数，书写界面才能关闭。但问题是，在持续不断的文字输出中，怎样才能减缓灵感的衰竭、笔力的衰退，怎样才能保证这样禁闭于"小黑屋"，就一定能有足够的文字产出呢？其制胜法宝就是工具内嵌的书写素材库和智能书写功能。比如在"橙瓜码字"的即兴书写插件中，诸如人物外貌、衣着、风景描写的相关语句能通过模板自动生成。例如，古代男子外貌可以有诸如此类的不同句式模板以供选择（括号内是外貌变量的分类）：

他穿着{男子上衣}，一条{腰带}系在腰间，一头{头发}，有双{眼睛}，当真是{气质}。

只见他身穿了件{男子上衣}，腰间系着{腰带}，留着{头发}，眉下是{眼睛}，{身材}，真是{气质}。

当在上述模板中随机生成相关变量，就能自动产出多种符合古代男子人设的外貌描写：

他穿着暗金黄色杯纹锦袍，一条爱利斯兰祥云纹金缕带系在腰间，一头飘逸的头发，有双蔚蓝色的眼睛，当真是淑人君子。

他穿着暗绛红春满园罗锦袍，一条暗金黄色师蛮纹腰带系在腰间，一头鬓发如云的头发，有双明亮的眼眸，当真是彪形大汉。

他穿着橙红洞锦褴衣，一条大白龙凤纹锦带系在腰间，一头飘逸的发丝，有双美目盼兮的桃花眼，当真是人面桃花。

又如有"码字神器"之称的"笔神"，在智能素材推荐功能的辅助下，当作者在"笔神"界面左栏输入文字的同时，右栏已根据左栏关键词显示智能推荐素材了，这个被称作"灵感词云"的智能素材库被折叠为描写、诗词、名言、道理、成语、百科等不同子类，以供作者浏览、借鉴。比如当输入"书写"，界面右边的推荐栏就会自动显示从《论诗十绝》《中原音韵·作词十法》《随园诗话》等古文经典到《蛙》《论冯文炳》《呼兰河传》等现代名篇的相关素材。如果说曾经的书写是"读书破万卷，下笔如有神"，那么此处的"破万卷"则被"笔神"外化为云数据储存和智能推荐，以助推"码字如有神"的神奇体验。但与此同时，素材库中的数据总量和内容特性从此也规定着作者的知识储备甚至文化立场（见图1-4）。

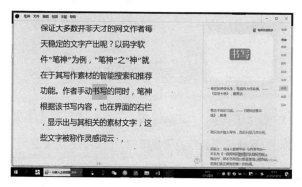

图1-4　智能书写工具笔神的交互界面，图中显示的是以"书写"
为关键词的道理类素材界面

诸如此类的工具和插件还有很多，其核心思路都是提供可资借鉴的素材和模板，以降低创作门槛，提高书写效率。对此我们很难站在传统"书写"观念的立场上进行价值判断。根据列维－斯特劳斯对原始文明的研究，这种被他称作"修补匠（bricolage）"式的文化生产方式，尽管与现代西方热衷的系统性原创迥异，但并非一定不能创造优秀的文化成果。[1] 可自古以来，书写难道不是在古今中外文本的

[1]　Cf. C. Lévi-Strauss, *The Savage Mind*, London: George Weidenfeld and Nicolson, 1966, pp. 20–22.

互文中存在的，不是在集体创造的文化遗产上建立的，不是在利用程式与突破程式的矛盾运动中生成的？或许，数字时代的"书写神器"，不过是把书写秘而不宣或羞于见人的另一面，展示出来且放大了。但与此同时，我们也不能否认，书写在这个过程中，也确实变得越发同质化、模块化、机械化，变得更加难以胜任"原创"的头衔。而讽刺的是，今天的数字内容产业恰恰以"原创"和以此为基础的知识产权安身立命，它明明得益于数字时代的书写形态，却偏偏死守前数字时代的书写观念，这是一种生存的策略，还是历史的反讽？

下面我们就来看一种与文字处理工具相伴的书写现象。

（二）"看上去很美"：文章程式、工具格式和形式主义

批评和自我批评是我党的优良传统，反对形式主义是为了更好地开展工作。习近平总书记在地方主政期间，就曾为纠正机关文山会海的作风，规定非必要部门一律不许发定期简报，但在形式主义的巨大惯性下，很多干部无所适从，"少数部门仍旧按期发简报。习近平警告他们说：你们要再这么搞，处分相关负责人，没收打字机，就是要让你们难受难受，养成新的习惯！"[1] "再这么搞……没收打字机"，这里十分敏感地指出了书写工具和作风文风的问题。但此话之意不是责难打字机，而是批评使用打字机的人。

虽然书写工具能够将"何为书写"的观念嵌入其功能设计和运行机制，并潜移默化地让使用者按照其鼓励的方式从事书写活动，但必

---

[1] 中央党校采访实录编辑室：《习近平在正定》，中共中央党校出版社 2019 年版，第 149 页。

须看到，这个过程的主体并非工具，而是我们与工具的交互方式。换言之，影响书写的并非实体性的因素，而是关系性的因素；并非工具自身，而是我们如何使用工具。因而：

> 代码的技术性能和倾向并非决定性的（例如以绝对的、没有商量余地的方式重塑我们的日常实践）或普适性的（即将因为一所以的简单因果句式使用于所有情况）。相反，它是偶然的、可协商的、微妙的，它需要借助人类在特定历史文化语境中的实践而实现。[1]

首先我们需要了解这样一个问题：公务员为何要写公文？"文章，经国之大业，不朽之盛事"，当曹丕这样盛赞文章时，相信他更多在针对公文。公文体制是统治者"临民治事"的工具，是国家治理体系的重要组成。因而，公文也常常能从侧面反映国家治理的特点和需要。比如为提高办事效率，增强实用性，在公文文体上，发展出了规范、整齐的文体系统，表现在不同的文章程式对应不同文种，而不同文种又对应各自负担的政务活动。而在公文用语上，也发展出了一套简洁、凝练的固定程式，它们使用率极高，实用性极强，提高了文件拟写、阅读和处理的效率。对于撰写公文这种在逻辑和语言结构上都有着程式需要的书写活动，具有强大格式功能和模板贮备的数字书写工具无疑是一种十分高效的选择。这也让文字处理工具十分自然地发展成当下机关文牍工作的重要载体。那么我们的办事效率确实提升

---

[1] R. Kitchin and M. Dodge, *Code/Space*, Cambridge and London：The MIT Press，2011, pp. 42–43.

了吗?

在机关文字工作者圈子中,流传着这样一首打油诗:"一稿二稿,搞了白搞;三稿四稿,刚刚起跑;五稿六稿,还要再搞;七稿八稿,搞了再搞;九稿十稿,回到一稿;说了不搞,在搞再稿。"十分遗憾,如果没有文字处理工具的保障,这些备受讥讽的现象,恐怕很难开展到今天这种规模和程度。在这里,"搞事情"的职能被置换成"搞文字"的事务,而"搞文字"的事务又在文字处理软件的强大功能下被充分发扬、全面拓展。本来公文体制应是政务工作中的工具,但在形式主义之风下,这个本应以落实为导向的工具却开始顺着自身的逻辑运作起来。同样,文字处理本来也应是服务于书写内容的工具,但在不良风气的影响下,也开启了自身"准自主运行"的节奏,不仅配合案牍文书的形式主义,生产了海量形式主义的文字,也在自身强大格式和显示功能的装饰下,生产了众多"看上去很美"的内容。

以文字处理软件著名的自动编号功能为例说明该问题。自动编号以默认生成的方式提醒着人类思维应具备层级结构:一、二、三,(一)、(二)、(三),1、2、3……必须承认,文章有时确实需要以层级结构的方式组织,而层级结构有时也确实能成为条理和系统的标志,但并非没有层级,文章就一定没层次、不高级。相反,没有内容的层级和编号反而是空洞、装腔作势的表征。对此,毛泽东曾在《反对党八股》中指出:

> 写文章,做演说,著书,写报告,第一是大壹贰叁肆,第二是小一二三四,第三是甲乙丙丁,第四是子丑寅卯,还有大 ABCD,小 abcd,还有阿拉伯数字,多得很! 幸亏古人和外国人替我们造好

了这许多符号，使我们开起中药铺来毫不费力……我不是说甲乙丙丁等字不能用，而是说那种对待问题的方法不对……这种方法就是形式主义的方法，是按照事物的外部标志来分类，不是按照事物的内部联系来分类的。单单按照事物的外部标志，使用一大堆互相没有内部联系的概念，排列成一篇文章、一篇演说或一个报告，这种办法，他自己是在做概念的游戏，也会引导人家都做这类游戏，使人不用脑筋想问题，不去思考事物的本质，而满足于甲乙丙丁的现象罗列……一篇文章或一篇演说，如果是重要的带指导性质的，总得要提出一个什么问题，接着加以分析，然后综合起来，指明问题的性质，给以解决的办法，这样，就不是形式主义的方法所能济事。[1]

毛泽东把"甲乙丙丁"列为"党八股"的一条罪状，打趣幸亏祖先造好了那么多符号，才有今天我们写"八股"的便利。多年之后，我们完全可以说，幸亏程序员发明了那么便利的文字处理功能——特别是便捷的拼凑罗列功能和贴心的自动编号功能——"甲乙丙丁"这一对待问题的积习，才能更加顺利地被我们继承，并嵌入我们思维和书写的深层结构。或许，真正的问题并非各种总结、汇报、通知、意见等总少不了的各色"甲乙丙丁"，而是当我们无话可说、无物可言时，编号层级总能借书写之形式，制造出一种貌似系统、条理的逻辑

---

[1] 毛泽东：《反对党八股》，载《毛泽东选集》（第三卷），人民出版社 1991 年版，第 838—839 页。

假象，一番"看上去很美"的繁荣景象。[1] 正所谓：内容不够，形式来凑。就这样，在文字处理工具和不良文风的互动下，工具格式、公文程式、工作形式的强强联合完美上演了。

本来应是工具为书写服务、书写为人服务，现在却本末倒置，让人为书写所累、书写为工具所累。但不得不说，这在根本上并非工具的错。"就如一个人的权力并非源于自身，而是来自赋予它权力的他人和社会；同样，代码之所以拥有权力，也因他者之同意，包括代码在其中发挥作用的社会渠道、结构、网络、体制，以及它试图施加影响的人。"[2] 即使这种"同意"，是赋权主体自身并不乐意、不自知，更不愿承认的。

结论：书写的异化，抑或增强

最初人们在实验室里发明文字处理工具，其实并没想过影响书写本身。相反，其初心恰恰是在既有的"书写"概念下，增强人类的书写和思考能力。在关于文字处理应用的最初构想中，恩格尔巴特这样展望：

---

[1] 表面上复杂的逻辑层级能够掩盖内容的空洞无依，甚至产生灾难性的后果。可参见塔夫特（Edward Tufte）对哥伦比亚号航天飞机风险评估文件的研究，正是这份有着 5 个层级的文件看似雄辩地促使决策者在航天飞机已发生小故障的情况下，做出维持发射计划的决策，最终酿成著名的"哥伦比亚号空难"。Cf. Edward Tufte, *The Cognitive Style of PowerPoint: Pitching Out Corrupts Within*, Cheshire: Graphics Press, 2006.

[2] Rob Kitchin and Martin Dodge, *Code/Space*, Cambridge and London: The MIT Press, 2011, p. 40.

如果你有这样一台书写机器，或许你可以把它想成是一台有着某些特定功能的高效电子打字机。用它，你只要重新排列一下那些来自旧文档的摘录，再手动输入一些新的词语或段落，就可以迅速写出一篇新文稿了。你最初的文档可能是你头脑风暴的内容，没什么顺序，但在你坚持不懈的思考下，新的想法不断被激发，新的观点不断被加入。如果这篇文档展示的想法出现了太过混乱的逻辑，你也可以迅速重新编排它。[1]

虽然说的是书写机器的发明构想，恩格尔巴特在这里首先展示的是对思维过程的理解，正是基于这样的理解，才需要这台书写机器那与思维迭代相配合的文字迭代功能。1968 年，恩格尔巴特在他命名为"增强人类智能研究中心"的实验室中开发出了 NLS 系统（oN-Line System），该系统所具有的文字处理工具也成为现代文字处理系统的鼻祖。[2] 十分遗憾，今天我们的数字书写并未完全沿着"增强人类智能"的这一愿景发展：高效的电子打字机确实"码"出了史无前例的海量文字，但快速处理文字的能力却并未迭代出其发明者想象的

---

[1] D. Engelbart, "The Augmentation of Human Reasoning Workshop", in A. Goldberg ed., *A History of Personal Workstations*, ACM Press, 1988, pp. 185-236.

[2] 恩格尔巴特在 1968 年旧金山的秋季联合计算机大会（Fall Joint Computer Conference）上当着上千人的面展示了 NLS 系统，NLS 系统的文字处理工具几乎具备现在大众文字处理软件的所有主要性能，甚至还有后者不具备的数据可视化功能。Cf. Lev Manovich, *Software Takes Command*, New York, London, New Delhi, Sydney: Bloomsbury, 2013, pp. 72-75.

智能成果。那么在这个过程中究竟发生了什么呢？

我们认为，这一方面源于文字处理工具自身的特性，另一方面来自人对文字处理工具的使用。首先，尽管可以无缝模拟"书写"，但数字书写工具毕竟有其内在特性，它的建立和运行依靠计算系统，它的普及和繁荣有赖视觉环境。这也意味着工具运行的前提（计算和图像）和工具支持的活动（书写）并不完全一致。传统书写的人格性、创造性可能被计算文化的系统性、模块性减弱，符号认知的思辨性、抽象性也不同于视觉文明的感官性、直观性。换言之，尽管文字处理软件的功能是增强书写，但其运作的前提恰恰差异于传统的书写观念，数字书写工具就在这种悖论性的存在中，在增强书写的同时也削弱着传统意义上的书写，或者说重写着数字时代的书写。其次，尽管工具有其特性，但决定其效果的始终是其使用方式。的确，我们依旧可以一字一字在 Word 中输入，把它当作咬文嚼字的锤炼坊。或者按照恩格尔巴特的设想，借摆弄文字迭代思维，把它当作观念、思想的孵化器。但问题是，在现实中，文字处理工具在更多情况下只能被当作"码字"的流水线来使用。当模板、素材和自动化功能被充分发挥，内容、逻辑和真情实感也难免被稀释弱化。更重要的是，人的思维也在这个过程中被辅助其生产的"流水线"异化，被驯化成后者最希望其成为的形态——就如 200 多年前，产业工人的身体开始被劳动工具异化那样。就这样，没有生命力的动作配合没有生命力的文字，没有生命力的文字配合没有生命力的思想，把书写／思想这个曾经最能体现活力的生命活动、最能超越时空局限的创造行为，更彻底、全面地编织进现代性机器的整体节奏中。

"我们的书写工具也在我们的思维上书写"，但其究竟是以"增强器"的方式增强思维能力，还是以"流水线"的方式形塑思维模式？

完全不同的书写工具，完全不同的书写方式，更意味着完全不同的文化形态。好在工具是在使用中被定义的，我们在有限的自由中与文字处理工具的相处方式，依旧能够决定它是什么样的工具、生产什么样的文字，决定我们是什么样的人。但首先，我们需要清楚，与我们朝夕相处的这个文字"伴侣"究竟从哪来，它曾经为何而有、现在因何而在，这样我们才能在"经过检验的生活"中，更加清楚它未来应向何而生，而为此我们又该做些什么。

第二节

演示软件：
修辞文化的视觉演示化及其后果

Microsoft Office PowerPoint（简称 PPT）是我们最常用的软件之一，它最初是演说的助手，后来演变为独立的阅读载体，现在由于迎合了移动端的展示需求，越发为读者所喜闻乐见。今日 PPT 的影响力已经远远超出数字文化，PPT 式排版成为广大报纸杂志青睐的"图大字疏"的排版方式。

然而，2010 年《纽约时报》却发表了来自美国军方的控诉《我们的敌人 PowerPoint》，文章称："PPT 已经融入军事指挥官的日常生活……可 PPT 却很危险，它造成我们理解并掌控问题的假象。" [1] 一时间，对 PPT 的声讨从军事领域蔓延开来，最终导致学者塔夫特（Edward Tufte）写下了《PPT 的认知模式》（2003），这是一篇建立在大量 PPT 案例分析和扎实信息图形学（infographic）功底上的学术

---

[1] Elisabeth Bumiller, "We Have Met the Enemy and He is PowerPoint", *New York Times*, April 27, 2010；另外，在线杂志《小战争》（*Small Wars Journal*）收集了 25 篇来自不同领域的相关文章，参见 http://smallwarsjournal.com/blog/we-have-met-the-enemy-and-he-is-PowerPoint-updated-yet-again。

性檄文。塔夫特在其中把 PPT 比作一种劣质药物：

> 想象有这样一种药物，使用广泛，价格不菲。它宣称可以让我
> 们变得更好看，但情况恰恰相反。该药副作用频发，症状严重：我
> 们变得愚蠢，沟通的诚信度破坏，交流的质量下降……[1]

有趣的是，苏格拉底在两千年前的古希腊同样以相似的方式提醒
过人们，智者传授的修辞学对于灵魂而言不过是一种好吃的"垃圾食
品"，给人愉悦的同时却损害了健康。[2] 因为这不过是一种表面上的
论证，虽然装作智慧，貌似具有说服力，展现的不过是智慧和说服的
假象。

时隔两千年，最初的人际口语文明已经变成了信息时代的人际口
语文明。[3] 说服受众的修辞需求不仅没变，更借助今日的多媒体技术
手段，发展成伴随着 PPT 的各色演说。我们不禁要问，这一修辞传
统如何在信息时代的数字演说中延续血脉？为了回答这个问题，我们
需要思考 PPT 是什么，PPT 沿革了什么且这样的沿革有何得失。我
们将通过讨论 PPT 产生的背景、PPT 中的主要修辞媒介及其特征来

---

[1] Edward R. Tufte, *The Cognitive Style of PowerPoint: Pitching Out Corrupts Within*, Cheshire: Graphics Press, 2003, p. 24.

[2] 参见 [古希腊] 柏拉图《普罗泰戈拉篇》，载《柏拉图全集》第 4 卷，人民出版社 2017 年版，第 8—9 页。

[3] 沃尔特·翁提出了"次级口语"（Secondary Orality）的概念用以表达受到书面文化影响的口语形态，以区分在文字和印刷文明尚未出现前的"原始口语"（Original Orality）形态，后来洛根又提出了"电子口语"（Electric Orality）的概念，用来表达不同于"原始口语""次级口语"的信息时代的口语文化。

回应以上问题，最终我们希望能够找出回应 PPT 式修辞文化的理性态度。

一、PPT 是什么：视觉文化孕育的修辞工具

我们为什么能开发 PPT 这样一款软件？让我们从古老的修辞文化说起。

了解修辞的人一定不会陌生，修辞文化的最初繁荣和古希腊的民主社会环境密切相关。修辞能力——用言语对人的思想和行为产生影响——作为一种重要的公民素质，并非少数精英的追求。两千年后，同样是民主文化催生了 PPT 的软件构想。在一种民主和商业文化的嫁接中，人人都迸发出推销观点和产品的需求，其营销对象又往往是非专业的受众，因此急需一种技术手段来降低推销者的修辞门槛和受众的理解门槛。辅助演说就这样成为开发 PPT 的最初动机。[1] 从恩格尔巴特写下《增强人类心智》(Augmenting Human Intellect) 开始，软件开发的历史就成了用技术手段增强人类各种能力的历史。[2] 不难看出，PPT 的研发就是这一思路的成功尝试：PPT 提供了方便民主的渠道，一方面用图文讲解把专业论证变成通俗演说，降低了理解的门槛；另一方面又用技术手段分担演说者的负担，降低了演说的门

---

[1] Cf. Dennis Austin, *Beginnings of PowerPoint: A Personal Technical Story*, in Computer History Museum, http://www.computerhistory.org/collections/catalog/102745695, p. 6.

[2] Cf. Douglas Engelbart, "Augmenting Human Intellect", in Ken Jordan, Randall Packer eds., *Multimedia: From Wagner to Virtual Reality*, New York: Norton, 2002, pp.64-90.

槛。[1] 不难看出，PPT 回应的正是修辞学的古老要求：如何普遍提高民众的修辞水平？什么样的演说才能对受众产生最好的效果？但 PPT 也有其自身的技术和文化背景，这就是 20 世纪以来的各种图像修辞实践和计算机图形学的蓬勃发展。

PPT 的缔造者罗伯特·加斯金斯（Robert Gaskins）在伯克利大学有三个学位——文学、语言学和计算机科学，虽然高等教育提供了开发 PPT 所需的专业知识，然而对开发 PPT 起决定性作用的却是他的家庭背景和时代背景。加斯金斯的父亲是影像业的资深从业者[2]，一方面，20 世纪影像行业与媒介文化的"视觉转向"同步展开：图像和大众文化的结合，催生出今日"景观世界"中的视觉文化；图像和科学数据的结合，带来了丰富多样的图表图说。另一方面，20 世纪影像行业也与计算机图形学的发展彼此增强：计算机处理图像的能力越来越强大，不仅使"图形交互"（graphic interface）成为人机交互的默认方式，也使计算机从早期图灵的"通用机器"扩展到了凯的

---

[1] 例如，记忆力和记忆术在早期修辞教育中有着重要的地位，语言是随时都有可能消逝的"带翅膀的语言"（The Winged Word），记忆则是"修辞的所有部门的监护者"。今天，修辞的监护者从记忆的显示变成了机器的显示，记忆力不再构成演说的硬性门槛了。又如，模板一直是修辞教育的重要组成部分，在今天的初等写作教育中依旧是快速提升作文水平的有效途径。而 PPT 则提供了各种风格和版式的模板，用户可以快速生成可供修改的草稿，而非对着白纸不知从何落笔。

[2] Cf. Dennis Austin, *Beginnings of PowerPoint: A Personal Tcehnical Story*, in Computer History Museum, http://www.computerhistory.org/collections/catalog/102745695, pp. 3-4.

"元媒介"。[1] 计算机是旧媒介的新载体，本身也是一种新媒介，不仅有被转为数字格式的大量图像"移民"，也有直接在数字平台上生产消费的图像"原住民"。不难看出，利用新兴的数字图形处理能力承接已有的视觉修辞传统，为后者提供便捷的施展空间，正是 PPT 在设计思路上的最大洞见。它不仅想到全面利用视觉手段辅助演讲，也提供了编辑视觉文件的完整功能，最终还开创了不需要幻灯机等外接设备的"屏幕演示"方式。[2] 或许，正是由于对图像的极度依赖，虽然 PPT 今天是微软旗下的著名软件，它最初却选择苹果电脑作为运行平台，无非是看上了苹果电脑在图形处理方面的优势。[3]

了解了 PPT 的出身，我们就能更清楚地定位 PPT。风靡世界的 PPT 教学书籍《演说之禅》(*Presentation Zen*) 对该软件有这样一段描述：

---

[1] 在"通用图灵机"的基础上，凯提出"计算机是一种媒介，可以动态模仿 (simulate) 其他任何媒介的细节，包括那些不可能在物理意义上存在的媒介。即使它可以装作很多工具，但它首先不是工具，而是一种元媒介 (metamedium)"。Cf. Alan Kay, "Computer Software", *Scientific American*, Vol. 251, No. 3, 1984, pp. 53-59.

[2] Cf. Dennis Austin, *Beginnings of PowerPoint: A Personal Tcehnical Story*, in Computer History Museum, http://www.computerhistory.org/collections/catalog/102745695, pp. 8-9.

[3] Cf. Dennis Austin, *Beginnings of PowerPoint: A Personal Tcehnical Story*, in Computer History Museum, http://www.computerhistory.org/collections/catalog/102745695, p. 12. 最早采用图像交互方式的电脑是施乐公司的施乐奥拓 (Xerox Alto)，虽然施乐之星 (Xerox Star) 进行了商用化的努力，但直到苹果公司开发出价格更低的麦金塔电脑，图形交互电脑才获得了商业成功。在某种意义上，苹果的崛起就得益于该公司在图形交互界面和图像处理能力上的重视。

"数字式讲故事"（Digital Storytelling）结合了两个世界的精华：新世界的数字影音和旧世界的故事讲述。这意味着在故事中呈现的案例应该取代 PPT 幻灯片上旧有的要点陈述，前者还要配备充满感召力的图片影音。[1]

这里提及了故事讲述、要点陈述、数字影音三类元素。有趣的是，它们恰好分别是主导口语文明、文字文明、数字文明的修辞手段。因此，PPT 同时继承了以上三种媒介文明的基因，试图兼容以往的所有修辞手段，为说服和沟通提供了最大可能。由此我们给出其定位：PPT 是一种多媒体修辞辅助工具。

二、PPT 沿革了什么：PPT 式修辞中的图像、文字和数字

我们认为，虽然来自不同媒介文明的修辞手段能够在呈现方式上被插入同一张幻灯片，却并不能在文化形态上也做到相安无事、和谐共处。[2]

---

[1] Garr Reynolds, *Presentation Zen: Simple Ideas on Presentation Design and Delivery*, Berkeley: New Riders, 2011, p. 94.

[2] 在这里我们借用了"媒介学派"的理论成果，可参见麦克卢汉《理解媒介：论人的延伸》（Marshall McLuhan, *Understanding Media: The Extensions of Man*）、波尔特和格鲁辛《再中介：理解新媒介》（Jay D. Bolter and Richard Grusin, *Remediation: Understanding New Media*）以及该学派的其他相关书籍。

具体来说，"PPT 式修辞"[1] 发挥了数字文明的优势，同时以数字文明的方式中介了口语和文字文明的修辞手段，但最终在"可爱"和"可信"这两个修辞学的坐标中，PPT 式修辞表现出对"可爱"的过度偏爱。下面我们将以《幻灯片学：创造伟大演示的艺术与科学》《演说之禅：关于演示之设计与传达的若干个简单的想法》两部今天最具影响力的 PPT 教材为辅助[2]，通过讨论 PPT 中的图像、文字、图表，回答"PPT 式修辞"如何利用新型媒介形式，又如何在对不同媒介文化的平衡中，回应"可爱"和"可信"的修辞学问题。

（一）视觉修辞和 PPT 中的图像

正如前文所述，PPT 式修辞的重要组成部分就是图像。或许因为擅长作用于感官和激情，又与大众文化有着各种勾连，图像修辞一度在文化精英的眼中名声欠佳，被认为是"可爱而不可信"的典型。但

---

[1]　在进入问题之前，我们有必要对这里提出的"PPT 式修辞"做出两个说明：首先，后文将论述到，PPT 式修辞有着一些在当下文化语境中形成的特定表达特征，我们把具备这些特征的修辞称作"PPT 式修辞"，也因此并非所有使用 PPT 软件的修辞都是"PPT 式修辞"（例如把论文原封不动地搬到幻灯片上朗读出来）。其次，尽管占据了九成以上市场，但 PPT 不是唯一的演说软件，例如市面上常见的还有 Keynote 和 Prezi；尽管呈现形式在细节上有所不同，但它们都是数字多媒体修辞的软件载体。不论使用哪款软件，本文通称为"PPT 式修辞"。

[2]　PowerPoint 的成功也繁荣了 PPT 演说教学的市场，塔夫特在 2003 年撰写《PPT 的认知模式》时就已经研究了近 70 部教学书籍，今天此类出版物的数量更多，但欧美高校最推崇的只有两部：《幻灯片学：创造伟大演示的艺术与科学》(Nancy Duarte, *Slide: ology: The Art and Science of Creating Great Presentations*, Sebastopol: O'Reilly, 2008) 和《演说之禅：关于演示之设计与传达的若干个简单的想法》(Garr Reynolds, *Presentation Zen: Simple Ideas on Presentation Design and Delivery*, Berkeley: New Riders, 2012)。

这并不构成我们批评"PPT式修辞"的前见，相反，最有效地发挥图像的修辞能力，这恰恰是"PPT式修辞"的优势。在这里，我们把图像在PPT中的功能总结为三种。

第一种是讲故事的图像。PPT幻灯片有一种特色显示方式称作"故事版"（Story board），其实，故事本就是口语文明的重要修辞手段，与口语形式的说服和交流有着天生的血缘。可问题是，好的故事不仅能产生动听的声音，也能唤起动人的画面，智者伊索克拉底就因此认为："我们完全有理由钦佩诗人荷马以及悲剧的发明家，因为他们真正洞见了人的本性，在他们的诗歌中表现听觉和视觉两种愉悦……不仅仅表现给我们的耳朵听，也表现给我们的眼睛看。"[1] 但遗憾的是口传时代缺乏"展示给眼睛看"的便捷视觉媒介，因此，故事才一直是讲出来的。今天讲故事的主导感官已经从听觉转移到视觉，换言之，图像变成了主要的叙述媒介。"故事版"诞生于电影工业，PPT又借用了电影的"故事版"，图说故事的需求和故事修辞的传统就这样汇聚产生了PPT中的第一种图像：讲故事的图像。《演说之禅：关于演示之设计与传达的若干个简单的想法》和《幻灯片学：创造伟大演示的艺术与科学》就花了大量篇幅介绍电影和漫画的图像语言，并建议人们"向漫画学习""做电影的学生"：如何把幻灯片变为分镜头，如何通过运动图像表达意义……[2] 似乎只有学会用图像讲故事，才能学会用PPT做最精彩的演说。

[1] ［古希腊］伊索克拉底：《致尼科克勒斯》，转引自［美］约翰·波拉克斯《古典希腊的智术师修辞》，胥瑾译，吉林出版集团有限责任公司2014年版，第147页。

[2] Cf. Nancy Duarte, *Slide: ology: The Art and Science of Creating Great Presentations*, Sebastopol: O'Reilly, 2008, pp. 113–115, pp. 186–197.

第二种是做论证的图像。按照翁在《口语文化与书面文化：语词的技术化》中的讲法，"诉诸论证（Logos）"的需求与书面文化的繁荣休戚相关：只有当语言借助空间化的文字战胜时间的转瞬即逝，人类的各种"慎思"能力才有可能被发展出来。[1]当建立在逻辑和事实上的论证逐渐取代了神话传说的文化地位，论证也随之成为主导书面文明的说服手段。亚里士多德《修辞学》就花了大量篇幅讨论修辞论证的问题，其中，故事并非不见了，而是作为例证这一说服过程的构成因素之一，参与了一个更广大的论证过程。[2]对于"例证"，图像与自然的模拟关系让我们倾向于相信"眼见为实""有图有真相"，我们预设图像比语言的可信度更高，在人人都会修改图像的今天，图像依旧是我们记录事实的首选方式，这就让"摆事实"的图像自然成了PPT中的第二种图像。

第三种是激发情绪的图像。亚里士多德虽然强调论证，可《修辞学》第二卷有整整十个章节都在讨论人类的各种情绪。[3]是否要把情绪纳入说服过程，尽管后世修辞著作对此争论不休，但情绪影响判断毕竟是一个经验性的事实。因此，对于各种修辞实践，真正的问题并非"是否要诉诸情绪"，而是"如何能影响情绪"。与此同时，人们一

---

[1] Cf. Walter J. Ong, *Orality and Literacy: The Technologizing of the Word*, London and New York: Routledge, 2002, pp. 77-114.

[2] 参见［古希腊］亚理斯多德《修辞学》，罗念生译，生活·读书·新知三联书店 1991 年版，第 108—111 页。

[3] 《修辞学》第二卷第一章是关于情绪的总论，从第二章开始，亚氏分别论述了愤怒、温和、友爱、恐惧、羞耻、善意、怜悯、义愤、嫉妒、青年和老人的性情等情绪。

直以来有这样一种共识：越是生动形象的信息越能唤起情绪。[1] 视觉画面就这样成了最能唤起情绪的媒介之一。[2] 例如，PPT 的教科书总是会这样建议我们：用骨瘦如柴的儿童形象代替对饥荒和灾难的文字描述[3]，因为"视觉图像能够引发人的非意愿反应"，换言之，图像的力量不可抗拒。[4] 于是这就有了 PPT 中的第三种图像：激发情绪的图像。

PPT 中的图像担负着讲故事、做论证和激发情绪三种修辞功能，为传统的修辞策略增添了相应的视觉实现途径。不难看出，修辞的视觉艺术化不仅继承了修辞的内在需要，也利用了技术的创新，同时又吸纳了百年来影像修辞的视觉艺术经验，成为今日修辞文化的主力军。

（二）视觉化的修辞和 PPT 中的文字

相对于口语和图像，文字是论证文化诞生的媒介土壤，文字作为

[1] 如今这一经验性的共识，已经获得了实验心理学和认知科学的系统研究。Cf. Alfredo Campos, José Luis Marcos, and María Ángeles Gonzáles, "Emotionality of Words as Related to Vividness of Imagery and Concreteness", *Perceptual and Motor Skills*, Vol. 88, No. 3, 1999, pp. 1135–1140.

[2] Cf. Charles Hill, "The Psychology of Rhetorical Images", in Charles A. Hill and Marguerite Helmers eds., *Defining Visual Rhetorics*, Mahwah, New Jersey: Lawrence Erlbaum, 2004, pp. 25–40.

[3] Nancy Duarte, *Slide: ology: The Art and Science of Creating Great Presentations*, Sebastopol: O' Reilly, 2008, p. 79.

[4] J. Anthony Blair, "The Rhetoric of Visual Arguments", in Charles A. Hill and Marguerite Helmers eds., *Defining Visual Rhetorics*, Mahwah, New Jersey: Lawrence Erlbaum, 2004, p. 54.

论证和逻辑的重要载体，在以 PPT 为代表的电子口语文化中，呈现为一种什么样的形态，又是否有可能履行曾经的使命？下面我们将借助讨论 PPT 中的两种主要文字显示风格——"要点清单"（Bullet Point）和"图中文本"回应以上问题。

要点清单：用"项目符号"标出段落开头是 PPT 文本的默认格式，对此，缔造 PPT 的程序员奥斯丁（Dennis Austin）这样解释道：

> 演说经常要展现要点清单，有时一个要点还会下设很多分要点。于是我就用"要点清单"作为文本框的默认格式。[1]

实际演说经常充斥着"第一点""第二点""第一小点""第二小点"之类的说法，奥斯丁就干脆让这种说法成为所有演说文本的默认格式。"默认"意味着若不改变就得如此，这个按照程序员理解的演说设定，在众多用户的默许配合下，逐步发展成一种主导电子修辞文化的文本格式。其实，"要点清单"并不新鲜，它有着文字文化和印刷文化的土壤。16 世纪的逻辑学家兼教育改革家拉米斯（Petrus Ramus）用层级结构整理了当时的知识图景，并把这种结构推广到了教育系统中。作为一种知识轮廓，层级结构使复杂问题显得更简单，起到了一定教学效果，可该结构在被推广之后，却成了被强加在所有知识上的普遍结构，并最终伴随着机械印刷和书籍目录的繁荣，发展

---

[1] Cf. Dennis Austin, *Beginnings of PowerPoint: A Personal Tcehnical Story*, in Computer History Museum, http: //www.computerhistory.org/collections/catalog/102745695, p. 12.

为一种知识、思维乃至社会组织的"自然"呈现形态。[1] 不难看出，"要点清单"就是文本层级格式的自动生成程序。但该程序要想起到正面效果需要满足两个条件：第一，要有复杂的内容，才会有简化内容的必要；第二，该内容要具备层级化的可能，才能套用层级化的格式。可默认的"要点清单"却让层级成为幻灯片中的文字最普遍使用的格式，问题也就随着这样的扩大化出现了。

　　首先，"要点清单"把所有复杂问题都化约为要点，却"不能提供对于理解这些观点至关重要的细节"，"更糟糕的是，它还创造了这样一种信仰：任何复杂问题都能够且应该被化约为'第一''第二'，以至一些决策者拒绝两页长的论文综述，却坚持阅读 PPT 上的要点清单"。[2] 与此同时，它也把空洞内容复杂化，用看似烦琐的层级格式掩饰实际内容的匮乏和无依。其中最著名的一个案例就是塔夫特对一份哥伦比亚空难文件的研究。[3]

　　故障发生之初，波音公司试图用这份 PPT 配合技术人员说服宇航局：细微故障不至于引发整体计划的改变。在一张关键幻灯片上，11 个不完整的句子被安排在 5 个层级中显示，虽然表面上呈现出科学家的严谨做派，但在事故调查委员会后来的分析中，如此貌似严密

[1] Cf. Walter J. Ong, *Ramus, Method, And the Decay of Dialogue: From the Art of Discourse to the Art of Reason*, Cambridge: Harvard University Press, 1958.

[2] Cf. Elisabeth Bumiller, "We have Met the Enemy and He is PowerPoint", *New York Times*, April 27, 2010; T. X. Hammes, "Dumb-dumb Bullets", *Armed Forces Journal*, July 1, 2009, http://armedforces journal.com/essay-dumb-dumb-bullets.

[3] Cf. Edward Tufte, *The Cognitive Style of PowerPoint: Pitching Out Corrupts within*, Cheshire: Graphics Press, 2006, pp. 7–9.

的论证实际上不过是没有依凭的空洞陈述。可悲的是，繁荣的外表掩饰了贫瘠的内容，波音公司成功误导决策层做出"按原计划进行"的指令。就连后来事故调查委员会也不得不承认，PPT幻灯片代替了技术论文，可见宇航局内部的技术沟通方式出了问题。[1]如今，"要点清单"已经成为众矢之的，就连微软自己出版的PPT教学书籍也不得不以《超越要点》命名。[2]可倘若不使用默认格式，什么才是当下"PPT式修辞"推崇的文本风格呢？

既然"要点清单"简化问题、缺乏论证，为何不能把大段文字原封不动地贴到幻灯片上一句句朗读出来？对于这些令人敬畏的"大段文字"，大部分PPT制作教科书会告诉我们：PPT是一款演说辅助软件，它首先要制造的是PPT式演说，而非幻灯片版书籍。[3]那什么才是与演说配合的文字呢？

就在PPT刚刚兴起的1995年，《教育心理学》杂志发表了一篇论文，称在多媒体教学中，如果把图像和大量文字放在一起，二者就会竞争同一视觉认知渠道，造成交通堵塞。[4]这篇文章一度被认为打击了PPT教学的基础。但人们很快就想出了应对措施，例如梅耶

---

[1] Cf. *Columbia Accident Investigation Board*, Report, Volume1, August 2003, p.191.

[2] Cf. Cliff Atkinson, *Beyond Bullet Points: Using Microsoft Office PowerPoint 2007 to Create Presentation That Inform Motivate, and Inspire*, Washington: Microsoft Press, 2007.

[3] Cf. Nancy Duarte, *Slide: ology: The Art and Science of Creating Great Presentations*, Sebastopol: O'Reilly, 2008, p.203.

[4] S. Y. Mousavi, R. Low, J. Sweller, "Reducing Cognitive Load by Mixing Auditory and Visual Presentation Modes", *Journal of Educational Psychology*, Vol. 87, No.2, 1995, pp.319-334.

（Richard E. Mayer）在其专著《多媒体学习》中提出，不应该让图像和文字同时出现在屏幕上，应该只出现图像，文字则由演讲者的语言代劳，语言被听觉渠道分流。[1] 梅耶的方案被诸多 PPT 教科书采用，其中最有影响力的就是《演说之禅：关于演示之设计与传达的若干个简单的想法》。它明确提出了作为"图中文本"的文字，并以"禅境之简淡"为这种显示风格找到了美学基础，由此掀起了 PPT 制作的简约"禅风"。[2] 今天，"图中文本"在几部流行教科书和几个成功商业演说案例（例如乔布斯的苹果产品发布会）的示范性效应下，逐渐发展为最时髦的 PPT 文字风格。

　　但我们的疑惑是，文字承载的论证功能在这样的显示风格中是否会受到影响？当曾经作为信息主导媒介的文字变成降低图像表义含混性的"标签"，文字就从独立的媒介退居为图像的附属；当曾经承担论证功能的文字，被包围在夺人眼球的图像中，文字就从作用于理性的手段变成作用于感官的手段。然而更重要的是，自从"图大字疏"的幻灯片风格开始流行，就有人提出所谓的"7-7 原则"或"6×6 法则"：每张幻灯片不应超过 6/7 行字，每行字不应超过 6/7 个词。[3] 6/7 的说法来源于 1956 年发表于《心理学评介》上的论文《神奇的 7±2：人类处理信息的能力极限》，文章旨在说明人类处理随机信息的能力有限，因此语境和理解至关重要。然而，该文章竟然成了简化

[1]　Cf. Richard E. Mayer, *Multimedia Learning*, Cambridge：Cambridge University Press，2009，pp. 206–208.

[2]　Cf. Garr Reynolds, *Presentation Zen：Simple Ideas on Presentation Design and Delivery*, Berkeley：New Riders，2012，pp.103–111；pp. 135–199.

[3]　Cf. Edward Tufte, *The Cognitive Style of PowerPoint Pitching Out Corrupts Within*, Cheshire：Graphics Press，2006，p. 23.

文字的合法依据。[1] 于是各种文字严守 6/7 定律，公然把语境和论证甩在身后，成为幻灯片上问心无愧、简短铿锵、风情万种的美丽文本，可这却是一种吸引眼球、便于记忆却无须理解的口号式文字！正是这种盛产口号的文字格式，被广泛推荐到各个领域。[2] 当哈佛大学公共医学院也开始向学生介绍 6/7 法则时，塔夫特也只能遗憾地感叹"可这种模板模仿的只是 6 岁儿童的识字课本啊"。

"要点清单"和"图中文本"，看似无关痛痒的文字格式却深刻影响了内容本身。当文字出现在"PPT 式修辞"的屏幕上，就或像"要点清单"那样，在口语文化和印刷文化的错位中徒有复杂外表，或像"图中文本"那样，在图对文的吞并下成为视觉附庸。看来我们只能承认，作为信息时代的一款演说辅助工具，PPT 中的文字注定要生存在与口语文化和图像文化的差异、博弈或矛盾中，文字承载的那个超越、客观的逻辑论证也注定要经历感官、人情、时机对它的轮番影响，这些变化也重新设定了修辞文化对"可信"与"可爱"的期待，并影响了二者在新格局中的力量对比。

（三）视觉的修辞和 PPT 式中的图表

说起图表，我们就不得不提到数学。数学被认为是最精确严密的科学。数学论证意味着严谨、专业、科学、权威，但对于非专业人士，数学虽然权威可信，却难免高不可攀。而统计图表却能蕴数字于

---

[1] Cf. G. A. Miller, "The Magical Number Seven, Plus or Minus Two: Some Limits on Our Capacity for Processing Information", *Psychological Review 63*, Vol. 101, No. 2, 1956, pp. 343-352.

[2] 塔夫特考察了 28 部 PPT 教程上的 654 张幻灯片，每张幻灯片上的平均单词量为 15。

图像，把枯燥难解的数学变得美观直观。在这个意义上，统计图表似乎天生具备"可信"与"可爱"的双重潜能。[1] 后来，统计图表伴随着 Excel 和 PowerPoint 等 Office 系列软件的繁荣，在几十年内从一种专业工具一跃成为与图像、语言并立的大众修辞手段。那么，当统计图表被插入 PPT，是否会遭遇和文字相似的命运呢？

首先，我们要问的是，为何要在幻灯片中使用统计图？对此，各种 PPT 教程纷纷指出，幻灯片的目的并非显示数据而是传达观念，因此给出图表和数据不重要，重要的是用颜色、大小、动画等视觉手段标出那些关键数据，并借此引出你想表达的观点。[2] 此外，幻灯片毕竟大小有限，因此应该把一切与结论无关的"闲杂因素"赶出显示区，否则不仅分散注意力，也无助于数据呈现的大方美观。在这样的设计观念下，原始图表中的统计数字自然要被大刀阔斧地删到适合"美观"的数目，有时整个图表甚至会被改成"大号数字 + 简短说明 + 大图背景"的形式，成为"图中文本"的子类之一："图中数字"（见图 1-5）。[3]

[1] Cf. Edward R. Tufte , *The Visual Display of Quantitative Information*, Cheshire: Graphics Press, 2001, pp. 13-53.

[2] Cf. Garr Reynolds, *Presentation Zen: Simple Ideas on Presentation Design and Delivery*, Berkeley: New Riders, 2012, pp. 68-69, pp. 72-73.

[3] Cf. Garr Reynolds, *Presentation Zen: Simple Ideas on Presentation Design and Delivery*, Berkeley: New Riders, 2012, pp. 74-79; Nancy Duarte, *Slide: ology: The Art and Science of Creating Great Presentations*, Sebastopol: O'Reilly, 2008, pp. 121-129.

图 1-5　《幻灯片学》和《演说之禅》中的"图中数字"选页[1]

可有一点统计学知识的人都清楚，同一个数据在与其他数据的不同组合中，完全可以得出不同的结论。究竟作何判断，在很大程度上取决于从哪些数据中得出结论，又用什么方法得出结论。因此哈夫（Darrell Huff）在 1954 年写下《统计陷阱》（*How to Lie with Statistics*），提出对于任何统计报告都要作出 5 个提问：谁说的，如何知道的，是否遗漏了什么，是否偷换了概念，资料是否相关。[2] 可由于受到幻灯片屏幕大小的局限，又由于受到"简约"之风的影响，我们看到的往往只有与结论密切相关的数据。所有"闲杂"信息都被认为是不需要的，任何刨根问底的行为都被屏蔽在一目了然的视觉显示之后。

为了探讨数据复杂性和可信性之间的关系，塔夫特对 28 本 PPT

[1]　Cf. Garr Reynolds, *Presentation Zen: Simple Ideas on Presentation Design and Delivery*, Berkeley: New Riders, 2012, p. 70; Nancy Duarte, *Slide: ology: The Art and Science of Creating Great Presentations*, Sebastopol: O' Reilly, 2008, p. 149.

[2]　参见 [美] 达莱尔·哈夫《统计陷阱》，廖颖林译，上海财经大学出版社 2002 年版，第 63—72 页。

教程上的 217 幅图表进行了研究，PPT 图表的平均数据显示量仅为 12。与此呈鲜明对比的是《科学》中的图表数据显示量、中位数超过 1000，《自然》中的图表数据显示量、中位数超过 700，甚至《纽约时报》和《华尔街日报》中图表数据显示量、中位数都分别达到 120 和 112。在其研究取样内，唯一比 PPT 还要少的就是《真理报》（*Pravda*）这个曾经承担着苏联意识形态宣传功能的官方报纸（见图 1-6）! [1] 为何数据量和严谨性密切相关？原来，信息图形学的一个重要原则就是"语境对于图形正直性至关重要"，因此只有"在小空间中展示大量数据""鼓励眼睛比较不同的数据""在不同的细节尺度上分析数据"，才有可能借助图形将数据的意义正确地揭示出来。也因此，"瘦削而数据匮乏的设计始终要引起怀疑，数据图形借助省略——把可供对比的数据搁在一边——才能撒谎" [2]。

图 1-6 《真理报》的统计数字显示选页 [3]

[1] Cf. Edward R. Tufte, *The Cognitive Style of PowerPoint: Prtching Out Corrupts Within*, Cheshire: Graphics Press, 2006, p. 5.

[2] Edward R. Tufte , *The Visual Display of Quantitative Information*. Cheshire: Graphics Press, 2001, p. 74.

[3] 图片刊登在《真理报》（*Pravda*）1982 年 5 月 24 日，转引自 Edward R. Tufte , *The Visual Display of Quantitative Information*, Cheshire: Graphics Press, 2001, p. 76。

于是一方面不给出统计细节，另一方面不显示背景数据，或许这就是为什么 PPT 中的图表是那个最有潜力扮演无辜骗子的修辞手段：它先是美化数字，进而操控数字，最终借助人们对数学的信任号称得出了"用数字说话"的科学结论，却偏偏回避科学论证本身最关心的背景、前提、方法、过程和细节。试想如果问它为何对此避而不谈，或许它会回答：屏幕空间有限、演说时间有限、观众不关心、风格要简约。这些理由的确看似"光明正大"，所以也只有保全"可爱"、牺牲"可信"，至少此举还能假装"可信"！

一方面，对于此番控诉，《演说之禅：关于演示之设计与传达的若干个简单的想法》的开脱是区分"简约"和"简单"：

> 对于一些人，做到"简约"就必须过分简化问题……但这并非我说的简约，它与懒惰、无知没有关系，相反"一超直入"的清晰是智性的渴求，做到这一点其实很难。[1]

可我们不禁要问：有多少人能达到"一超直入"的境界？对于大部分人"简约"是一个理想，可对它的追求却很容易误导人走上"简化"问题的道路。无论是从简约出发以简单结束的无心之举，还是以简约之名行简化之实的有意行为，都证明了理论上的区分并不必然导致实践上的改善。

另一方面，与此番无效开脱不同的是《幻灯片学》的承认：

---

[1] Nancy Duarte, *Slide: Ology: The Art and Science of Creating Great Presentations*, Sebastopol: O'Reilly, 2008, p.115.

在很多情况下幻灯片并非展示复杂数据的合适工具。如果观众检验数据、得出自己的结论真的对他们很重要，你最好发给他们印刷材料。[1]

从媒介性质的角度指出 PPT 中图表的病灶可谓抓住了问题的关键。当统计图表从印刷媒介被移植到演说屏幕，它就从数学和文字当先的世界进入了图像和口语主导的环境，"可爱"和"可信"的比例难免在媒介的调整中被重新分配。

看来，虽说图像、文字和图表都是"并列"于幻灯片"插入"列表的修辞手段，却并非看起来那么平等。对于让 PPT 繁荣的电子口语文化和视觉文化而言，如果图像是本土公民，文字和图表就是外国移民。当图像在 PPT 中继承修辞传统、尽显修辞神通、彰显视觉艺术之万种风情的同时，文字和图表或是水土不服地操持着被认为是啰里啰唆、毫无情趣的母语，或是尽失本色地模仿着图像"可爱"的说话方式，却忽视了家传的"可信"优势。换言之，不同的媒介文化有其钟爱的思维方式，在传统媒介文化中，思想的结构同构于书籍目录的结构，一种有深度结构的思维模式被发扬光大，但当这样的思维从印刷文明"穿越"到数字文明，就难免受到新媒介文明形态的影响。在 PPT 式修辞中，数字文明的视觉文化和视觉艺术气质将图像的扁平结构和感官特性赋予思维，思想的呈现形式变得更加"可爱"，但却依旧装作秉有深度和理性，宣称继承了传统媒介思维引以为傲的"可信"。

[1] Garr Reynolds, *Presentation Zen: Simple Ideas on Presentation Design and Delivery*, Berkeley: New Riders, 2012, p. 64.

结论：如何面对 PPT 式修辞？

PPT 是一款信息时代的多媒体演说辅助软件。它试图调动不同媒介文明中的修辞手段，降低演讲者和观众双方的修辞门槛，让更多人以更丰富的方式参与到修辞活动中来，却最终形成了一种视觉艺术修辞和视觉艺术化的修辞的奇妙混合体，构成了一种倾向"可爱"、忽视"可信"却装作"可信"的修辞文化——PPT 式修辞。

当然，PPT 式修辞从来没有宣称可以替代论文或书籍，可以像后者那样提供"可信"的说服方式，但今天它已经被不加区分地使用在不同性质的语境中。或许优秀的口语表达可以弥补演示文稿的缺漏，可如今的 PPT 已经充当起了独立的阅读媒介：它是期末考试时的复习资料，是各种个人电脑或移动数字阅读平台的宠儿。它有时也作为专业咨询的独立信息载体：它是咨询公司给咨询方的必需交付物（专业资料则不在这个必需清单中）。它甚至还扮演了思维方式的塑造者：当 PPT 成为职业病，人们难免按照"要点清单"的方式思考所有问题。

虽然我们在这里责难 PPT 式的修辞文化，但我们也必须承认，某一技术文化的繁荣也要靠文化土壤本身：视觉文化激发了人们在感官体验上的胃口，大众文化更倾心于"可爱"的说服方式，信息文化又培养了短、平、快的信息消费常态……正是这些因素共同促成了修辞的视觉艺术化，构成了孕育 PPT 式修辞的优良土壤。作为回报，PPT 又以自身的繁荣强化了滋养它的艺术和文化，媒介和文化由此构成了一个生态系统，支持着 PPT 式修辞的可持续性发展。

如果这个生态系统已是无法拒绝、不能回避的现实，我们又要如何应对？本章在这里只能尝试性地提出两个措施。第一个措施是限制

PPT 式修辞的使用范围，谨防 PPT 的扩大化使用。PPT 尤其不能扩展到对理性论证要求较高的领域，如果不经调整，也最好不要超出口语环境在阅读平台上传播。第二个措施就是用其他方式及时进行信息弥补。例如，如果只能用 10 分钟的时间发表学术演讲，当现场条件让"说完观点"盖过"论证观点"的需求，就只能提前备好论文原稿或其他详细说明，以备有人需要更翔实的补充材料。

最终，我们如果由于各种原因什么都做不了，至少也能对越界使用又没有弥补措施的 PPT 幻灯片保持警惕。无论 PPT 式修辞如何强大，我们依旧可以拒绝"未经检讨的生活"。

第三节

表格软件：
理性管理的技术化及其后果

2022 年上海疫情期间，涌现了一批担任社区团购负责人的"团长"。"团长"们以微信群为依托，借助 Excel、腾讯文档等在线协同表格软件，实现了物资采购信息的快速收集、统计（见图 1-7）。在这里，电子表格的协同数据处理功能、社区非正式组织的涌现、居民的自助和互助精神——技术、组织、文化三者交相辉映、彼此增强，将一款工具的正向作用发挥得淋漓尽致。一种技术若能发挥最大效能，需要与其匹配的制度和文化做支撑。但在大部分情况下，器物及其配套制度和文化的发生、发展并非总那么同步，因而，技术也并非总能在适宜它发挥作用的制度环境和文化土壤中成长。下文讲的就是表格软件的另一种境遇，在这一境遇中，正是技术的过度先进，以及与其匹配的制度和文化之缺失，酿成了工具的扭曲使用。

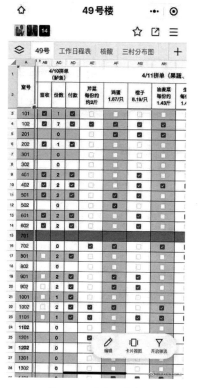

图1-7　团购统计表

　　无论是否愿意，大众表格软件已嵌入现代社会的运行机制。或许在很多人的直观体验中，这是因为基本掌握它是职称考试的内容，熟练使用它是升职加薪的手段。但更重要的是，它与会计、统计、税收、企业与国民核算等构成现代社会基本运行机制的量化管理制度紧密相关。一方面，表格机器吞吐着庞大的数据堆积，以标准化、量化的方式推动着现代社会的运行，也反映着其基本运行状况；另一方面，表格机器又挖掘着数据的意义，以科学、理性的方式支撑着社会运转的决策。必须承认，现代社会的运行正伴随着各种表格机器的运转。

十分遗憾的是，对于这台如此重要的机器，恐怕很多人都有着相当负面的体验。我们或是直接参与着其填喂和美化，或是间接为了其中某项指标填进去、算出来、排起来更好看。虽然天下苦表格久矣，但大家又不得不一边"吐槽"，一边乖乖被各种表格无奈地带着节奏，与它同频共振，生怕被它抛下。

其中的原因自然很多很复杂。近年来，政治学、管理学、组织社会学等学科从不同角度已展开丰富研究。本节在这里主要从表格这一信息技术的角度切入，试图在技术、制度和文化的互动和错位中，讨论异化何以借表格发生。为此我们将把表格放在"理性管理的技术化"这一视域中分析。换言之，我们认为，表格在今天很大程度上承载的是"理性管理"的老问题，但又被赋予大众软件时代"技术化"的新情况。本节将首先梳理表格发展史中的两种谱系，讨论表格可以是什么，表格以及制表技术的发展对于人类意味着什么。其次，我们将简述电子表格之崛起。如果说曾经表格及其所涉业务只是专业人士的小众需要，那么表格软件又如何做到大众化？这里有哪些软件性能上和社会需求上的原因？最后，我们将讨论如此大众化的一个后果：表格作为一种理性管理的强大技术，其扭曲使用产生了怎样的异化？如此异化背后又有哪些深层原因？

一、表格：理性化进程的工具

表格并非新鲜事物。梳理人类文明中的表格发展形态，基本上可把它分作两类：信息处理表和数学算表。[1] 人们用前者呈现信息收集、整理和分析之结果，用后者辅助计算。或许课程表和乘法口诀表，就分别是大家人生中遇到的第一个信息处理表和第一个算表。纵观历史，我们发现表格发展历程是信息处理表随现代社会的运转要求不断发展兴盛的历程，同时也是算表随制表技术的机械化、自动化，走向衰落并最终被计算机取代的过程。信息时代的电子表格，就生长在这兴衰交会点，并因此继承了这两个谱系的全部遗产。

（一）信息处理表

人类历史上已知最早的表格就和官僚机构的管理活动密不可分。它是在两河流域出土的约公元前 2038 年的一块泥板。泥板上用苏美尔语的楔形文字记录着乌尔（Ur）第三王朝中央牲畜仓库中 4 种牲畜的数量（见图 1-8，翻译如表 1-1）。该表格的第 6 列刻的是牲畜类目，第 5 排是责任人名，第 4 排是牲畜总数，其他单元格则以纯量化的方式记录着相应牲畜数量。或许在很多现代人看来，这个表格平淡无奇。但如果把它与该地出土的绝大多数其他仓库记录做比较，就会发现，相较于"张三：三头山羊、五头绵羊；李四：四头绵羊、五头羔羊"这种把性质和数量信息等不同种类的信息混在同一线性维度展现的原始记录，表格用行、列二维结构组织信息，一是分门别类，一目了然；二是质、量分开，方便计算，确实提高了仓库管理

---

[1] M. Campbell-Kelly et al eds., *The History of Mathematical Tables*, *From Sumer to Spred Sheets*, Oxford: Oxford University Press, 2007, pp. 3-5.

效率。[1] 不难看出，此种信息处理方式的一大特征就是"质"的信息和"量"的信息的区隔处理。其实在人类的原始思维中，质、量是很难分开的，很多语言至今都存在着诸如"驷""俩"这样同时包含质性信息的数量表达。[2] 后来，先是在诸如古巴比伦文明的管理和记账实践中，发展出了较为成熟的抽象数字观念[3]，这下"四匹马"就成为"四"这个抽象数字和"马"这个物种的结合。后来更是在同样的管理和记账实践中，进一步发展出了以表格的形式，将诸如"四"这样的数值信息和"马"这样的种属信息隔开处理的方式。就这样，从质、量混合不分，到质、量概念分离，再到质、量信息区隔处理，虽然难免量化中质性特征的剥离、分类下个体差异的抹去，但必须承认，表格的确大大提高了人类的信息处理效率。

图 1-8　乌尔王朝中央牲畜仓库表，约公元前 2038 年

---

[1]　Eleanor Robson, " Tables and Tabular Formatting in Sumer, Babylonia, and Assyria, 2500 BCE-50 CE", in M. Campbell-Kelly et al eds., *The History of Mathematical Tables, From Sumer to Spred Sheets*, Oxford: Oxford University Press, 2007, pp. 21-24.

[2]　参见 [法] 列维－布留尔《原始思维》，丁由译，商务印书馆 1985 年版，第 175—199 页。

[3]　参见 [美] 莫里斯·克莱因《古今数学思想》第 1 册，张理京、张锦炎、江泽涵译，上海科学技术出版社 2002 年版，第 3—7 页。

表1-1　乌尔王朝中央牲畜仓库表（中文）

3	3	3	2	1	羔羊
93	93	93	6(2)	31	头品绵羊
6	6	6	4	2	小山羊
102	102	102	68	3(4)	
𒉽𒌋𒐕	𒉽𒌋𒐕	𒐕𒐖	𒐖𒌍		

　　诸如上面的信息处理表，在古代文献中其实是比较罕见的。只有到了现代社会，它才具备大规模出现的可能。如果夸张一点说，各种表格的发明和使用过程，就是现代社会的诞生和运转过程。比如，1571 年英国议会通过了一项法案，合法化了利息并对其做了 10% 的限定。此后人们逐渐接受了利息观念，这才有了公开出版的复利表（尽管复利表在 15 世纪就已在民间使用）。当时关于复利知识的最重要的教程《算数问题》开篇，就赫然印着一张利息为 10% 的复利表（见图 1-9）。[1] 后来，随着现代保险和金融业的兴起，产生了精算这门将风险管控融于金融投资的数学分支。其开山著作同样晒出了一张表格——寿命表，该表显示着 1000 个孩子随着年龄增长（从 1 岁到 84 岁）存活数量递减的情况（见图 1-10）。[2] 如何利用这些数据，结合复利函数，计算出该地寿险年金定价？正是这一问题，通向了精算

[1]　R. Witt, *Arithmetical Questions, Touching the Buying or Exchange of Annuities*, London, 1613.

[2]　E. Halley, "An Dstimate of the Degrees of the Mortality of Mankind, Drawn from Curious Tables of the Births and Funerals at the City of Breslaw; with an Attempt to Ascertain the Price of Annuities Upon Lives ", in *Philosophical Transactions* Vol. 17, 1693.

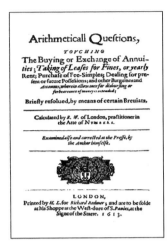

Yeares.		Yeares.	
1	11000000	16	45949729
2	12100000	17	50544702
3	13310000	18	55599173
4	14641000	19	61159090
5	16105100	20	67274999
6	17715610	21	74002499
7	19487171	22	81402749
8	21435888	23	89543024
9	23579476	24	98497326
10	25937424	25	108347059
11	28531167	26	119181765
12	31384283	27	131099941
13	34522712	28	144209936
14	37974983	29	158630929
15	41772481	30	174494022

图 1-9 《算数问题》的封面和复利表，1613年

学。1762 年，数学家道森（James Dodson）在自己制作的寿命表基础上，算出了平等人寿保险公司（Equitable Life Assurance）的保险费率表，该公司也成了世界上最早将业务建立在精算上的保险公司之一。[1] 到了 19 世纪后半叶，人们则在寿命表的基础上进一步加入辞职、退休、残病等信息，制作出了多重递减表，用以辅助养老金等现代社保制度之建立、运行（见图 1-11）。[2]

说起人口数据，就不得不提现代治理术。根据福柯的研究，现代权力运作机制的一个重要内容就是国家对"人口"的治理，这必然会

[1] M. E. Ogborn，"The Actuary in the Eighteenth Century"，*Proceedings of the Centenary Assembly of the Institute of Actuaries*, Vol. 3, 1950.

[2] Christopher Lewin, Margaret de Valous, "History of actuarial tables", in M. Campbell-Kelly et al eds., *The History of Mathematical Tables, From Sumer to Spred Sheets*, Oxford: Oxford University Press, 2007, pp. 79-103.

Age. Curt.	Persons.	Age. Curt.	Persons	Age. Curt.	Persons	Age. Curt.	Persons	Age. Curt.	Persons	Age. Curt.	Persons
1	1000	8	680	15	628	22	586	29	539	36	481
2	855	9	670	16	622	23	579	30	531	37	472
3	798	10	661	17	616	24	573	31	523	38	463
4	760	11	653	18	610	25	567	32	515	39	454
5	732	12	646	19	604	26	560	33	507	40	445
6	710	13	640	20	598	27	553	34	499	41	436
7	692	14	634	21	592	28	546	35	490	42	427
Age. Curt.	Persons.	Age. Curt.	Persons	Age. Curt.	Persons	Age. Curt.	Persons	Age. Curt.	Persons	Age. Curt.	Persons
43	417	50	346	57	272	64	202	71	131	78	58
44	407	51	335	58	262	65	192	72	120	79	49
45	397	52	324	59	252	66	182	73	109	80	41
46	387	53	313	60	242	67	172	74	98	81	34
47	377	54	302	61	232	68	162	75	88	82	28
48	367	55	292	62	222	69	152	76	78	83	23
49	357	56	282	63	212	70	142	77	68	84	20

图1－10　哈雷精算论文中的寿命表，1693年

LONDON.—CAUSES of DEATH at different Periods of Life in the Year 1871—MALES—*continued.*

Class.	CAUSES OF DEATH.	MALES.																		
		ALL AGES.	AGES AT DEATH.																	
			Total under 1 Year.	1	2	3	4	Total under 5 Years.	5–	10–	15–	20–	25–	35–	45–	55–	65–	75–	85–	95 & upwards.
I.	ORDER 1.																			
	1 Small-pox	4126	558	223	185	221	226	1413	636	305	296	432	641	314	133	41	12	3	-	-
	2 Measles	719	155	270	130	75	38	668	46	3	-	-	4	1	-	-	-	-	-	-
	3 Scarlet Fever (Scarlatina)	978	64	137	184	161	113	659	233	30	19	11	18	3	4	1	-	-	-	-
	4 Diphtheria	173	15	23	26	23	17	103	46	3	4	1	3	4	4	3	2	-	-	-
	5 Quinsy	10	-	-	-	-	-	-	1	-	1	1	1	3	1	1	1	-	-	-
	6 Croup	279	55	70	52	60	30	257	22	-	-	-	-	-	-	-	-	-	-	-
	7 Whooping-cough	1045	387	351	152	69	45	1014	30	1	-	-	-	-	-	-	-	-	-	-
	8 { Typhus Fever	172	1	1	4	4	5	15	15	13	16	15	30	26	16	16	8	1	-	-
	Enteric or Typhoid Fever	410	16	16	19	17	15	83	45	39	47	38	48	34	31	23	18	4	-	-
	Simple Continued Fever	195	12	14	18	19	11	74	39	12	10	10	12	10	18	7	5	3	-	-
	9 Erysipelas	286	86	3	2	3	-	94	2	1	5	10	14	21	37	51	31	9	1	-
	10 Puerperal Fever (Metria)	-	-	-	-	-	-	-	-	-	-	-	-	-	-	-	-	-	-	-
	11 Carbuncle	23	-	-	-	-	-	-	-	-	-	1	-	5	4	2	10	1	-	-
	12 Influenza	8	4	-	-	-	-	4	1	-	-	-	-	-	1	-	1	1	-	-
	13 Dysentery	56	5	6	1	-	2	14	-	1	1	4	7	6	7	5	7	4	-	-
	14 Diarrhoea	2029	1490	330	46	13	5	1883	11	1	-	2	8	4	16	30	42	27	4	1
	15 Cholera	126	62	23	5	4	1	94	5	-	-	-	3	5	7	6	3	2	-	-
	16 Ague	13	-	-	-	1	-	1	1	1	2	-	1	-	1	4	1	1	-	-
	17 Remittent Fever	4	-	-	-	-	-	-	1	1	-	-	1	-	-	1	-	-	-	-
	18 Rheumatism	206	-	-	-	-	4	4	14	24	14	15	38	37	20	21	17	2	-	-
	19 *Other Zymotic Diseases*	13	5	2	1	1	2	11	1	1	-	-	-	-	-	-	-	-	-	-

图1－11　英国统计总署制作的男性死因表（局部），1871年

伴随着民政登记、人口普查等制度。[1] 比如，在 1836 年英国《登记

[1]　参见［法］米歇尔 · 福柯《安全、领土与人口》，钱翰、陈晓径译，上海人民出版社 2018 年版。

和婚姻法》推动下，英国注册总署（General Registration Office）在1837年成立，负责监管人口出生、婚姻、死亡登记。该署统计部门在海量注册文献的基础上，编制出了人口情况报告，尤其是利用死亡证明制出的死因分析表，更是推动了英国现代医疗和公共卫生制度的发展。从1840年开始，总署还负责管理十年一次的人口普查。鉴于工作量巨大，普查员需要简单易操作的统计方式，表格就在这里发挥了巨大作用。但这种信息收集方式也必然意味着对复杂多样的经验进行必要的简化和标准化。如何简化，或者说，什么能充当普查表格的数据项，这就难免现代分类体系和社会体制的介入，比如当时普查表中的"等级、专业或职业"（Rank，Profession or Occupation）一项就排除了众多临时和季节性工作，而这也常常是妇女儿童的工作。于是，能够算数的大多是男性的固定工作，就这样，表格不仅直接参与着现代社会的运行，也以突出某些信息同时排除另一些信息的方式，变相反映着现代社会的运行。[1]

　　以上仅举出了经济和政治领域的部分示例。各种表格的发明、运行，正伴随着现代社会机制的建立、运转。究其原因，它能够以规范化、标准化、量化的信息处理方式，包括信息采集、整理、呈现、分析，推动经济理性和国家理性的发生和运转，而表格也以这样的方式，深度参与着韦伯意义上现代社会的理性化进程。在这里，理性的技术和理性的制度彼此支撑、相互强化。正因如此，尽

---

[1] Edward Higgs, "The General Register Office and the Tabulation of Data, 1837–1939", in M. Campbell-Kelly et al eds., *The History of Mathematical Tables, From Sumer to Spred Sheets*, Oxford: Oxford University Press, 2007, pp. 209–232.

管信息处理表很早就有，却必须等到现代社会，才能真正迎来它的时代，而它也将随着现代社会理性化进程的深入继续发挥作用。

（二）算表

在信息处理表中，有一种特殊表格——算表，它以行、列二维结构的方式记录着一些重要函数／公式的计算结果，供人查找使用。不难想象，算表同样有着悠久历史。中国迄今发现的最早的算表是约公元前300年（战国晚期）的清华大学藏战国竹简《算表》（见图1-12）。它由21行、20列共21支竹简组成，核心是由九九算数法衍生出的乘法表，可直接用于两位数乘法运算。[1]或许算表最初出现，只是因为人们偶尔发现表格的几何结构与算数结构存在着某种对应关系，求和可借竖列计算，乘积可写于行列交点，但随着计算在人类生产生活中的作用越发突出，算表发展出了越发复杂的功能，最终演化为一种重要表格谱系。比如，海员在航海中用来辅助定位的星历、对工业革命起到突出作用的对数表、在英制货币和计量单位下（两者都不是十进制）方便日常买卖的算表，所有这一切能辅助计算的表格，都属于算表谱系。

那么算表是怎么制作的？我们常说"神机妙算"，可以想象，制表者中确实不乏称得上"神""妙"的人类精英。已知最早的以10为底数的印刷本对数表就是牛津大学数学教授布里格斯（Henry-Briggs）所制（见图1-13），他本身也以改进对数运算而在史上留

---

[1]　参见冯立昇《清华简〈算表〉的功能及其在数学史上的意义》，《科学》2014年第3期。

名。[1] 但随着生产工艺的发展，制表活动越发远离"神""妙"，朝着机械化、自动化方向前进。其中最重要的节点就是普罗尼（Gaspard Riche de Prony）的"计算工厂"和巴贝奇（Charles Babbage）的差分机的诞生。同样制作对数表，普罗尼深受《国富论》关于劳动分工的启发，决定要"像制造大头针一样生产对数"[2]，18 世纪 90 年代组

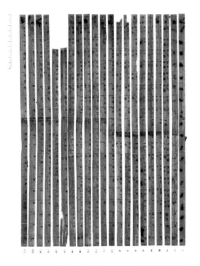

图 1-12　清华大学藏战国竹简《算表》，约公元前 300 年（战国晚期）

图 1-13　布里格斯的小册子《自然数从 1 到 1000 的对数》（*Logarithmorum Chllias Prima*）中的对数表，1617 年

[1] Graham Jagger, "The Making of Logarithm Tables", in M. Campbell-Kelly et al eds., *The History of Mathematical Tables, From Sumer to Spred Sheets*, Oxford: Oxford University Press, 2007, pp. 49-78.

[2] 该书描述了一个制针厂如何通过劳动分工提高产量，参见［英］亚当·斯密《国富论》，郭大力、王亚南译，商务印书馆 2015 年版，第 3—4 页。

建了一个由数学家、数学工作者和大量普通计算员（computer）三类劳动力组成的"计算工厂"，利用差分法 [1]，复杂的对数计算被拆分为加减运算的组合，这样就能以更少成本，雇用仅具基本加减计算能力的普通人从事曾经十分高端的制表劳动了。正是这个主要计算工作由普通工人承担的"计算工厂"，产出了史上最蔚为壮观的对数表（包含从 1 到 200000 的精确到小数点后 14 位的对数），同时也让"计算工厂"这种组织形式，成了此后一段时间大型制表项目的样板（见图 1-14 ）。[2] 其中最著名的案例就是美国于 20 世纪 30 年代大萧条期间，作为再就业工程的一个子项而发起的数学表格项目（ Mathematical Tables Project ），该项目继承了普罗尼式"计算工厂"劳动分工的精髓，巅峰期曾聘用 200 个失业者构成的再就业团队，为二战时期美国的科学研究和军事活动提供了大量制表和计算服务（见图 1-15 ）。[3]

另一位深受普罗尼启发的是巴贝奇，他震惊于普罗尼以工业流程生产表格的创意，并试图以机械方法模拟这一流程。根据巴贝奇自传，因不满市面上对数表中的错误，他才产生了用更不容易出错

---

[1] 任何连续函数都可以用多项式严格地逼近，许多常用的函数不管外表多么复杂，都能用加减运算完成。

[2] Ivor Grattan-Guinness, "The Computation Factory de Prony's Project for Making Tables in the 1790s", in M. Campbell-Kelly et al eds., *The History of Mathematical Tables, From Sumer to Spred Sheets*, Oxford: Oxford University Press, 2007, pp.105-121.

[3] David A. Grier, "Table Making for the Relief of Labour", in M. Campbell-Kelly et al eds., *The History of Mathematical Tables, From Sumer to Spred Sheets*, Oxford: Oxford University Press, 2007, pp.265-293.

图1-14　精简普罗尼对数表手稿出版的《对数表》封面，1964年

图1-15　作为再就业工程的数学表格项目位于纽约的办公室，摄于1940年

的机械替代人，制作和印刷数学表格的想法。[1] 他把这一设想写进了 1822 年给英国皇家学会的一封著名书信《将机械应用于计算和印刷数学表格》[2]，文中提出普罗尼以"差分法"为依托的制表工业流程，完全可以被搬到一台巴贝奇命名为"差分机"的机械装置上实现（见图 1-16）。在差分机制造过程中，巴贝奇又产生了分析机设想，他发现织布机常用的穿孔卡可以很好地充当计算输入装置，于是又设计了包括处理器、控制器、存储器、输入输出装置，能进行任何数学运算的分析机。虽然这两台机器在巴贝奇生前都未能成功造出，但后人正是在用"机电"而非"机械"方式实现巴贝奇设计的过程中发明了计算机，也因此巴贝奇常常被称作"计算机之父"。众所周知，此后计算工作逐渐被计算机取代，辅助人们计算的算表也退出了历史舞台。1965 年，成立近百年的英国皇家学会数学表格委员会解散[3]，标志着算表时代的结束。有趣的是，巴贝奇最初为制作算表发明的机器，竟最终通向了算表的衰落。

行文至此，或许我们可以比较自然地看到，在表格发展史中，计算机上的表格软件正位于上述两个谱系的兴衰交会点。或者说，制表

[1] Charles Babbage, *Passages from the Life of a Philosopher*, London: Longman and Co., 1864, p. 42.

[2] Charles Babbage, *A Letter to Sir Humphrey Davy, Bart, President of the Royal Society, On the Application of Machinery to the Purpose of Calculating and Printing Mathematical Tables*, London: Cradock and Joy, 1822.

[3] Mary Croarken, "Table Making by Committee: British Table Makers 1871–1965", in M. Campbell-Kelly et al eds., *The History of Mathematical Tables, From Sumer to Spred Sheets*, Oxford: Oxford University Press, 2007, pp. 235–264.

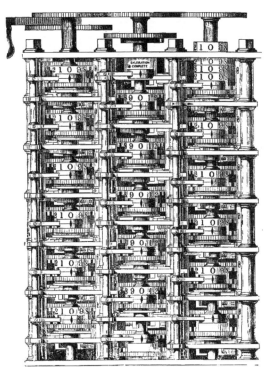

图 1-16　巴贝奇设计的差分机 1 号模型

的自动化发展不仅通向了计算机，也最终"吞并"了表格的算表谱系，让自带计算功能，或者说"内置"算表的电子表格，在原理上成为同时能够继承上述两个谱系、综合多种功能的人类历史上迄今最强大的表格工具。理解这一点，我们只要看看 Excel 类表格软件的各种公式和函数功能（见图 1-17）。这类软件内置计算模块，用户直接调用它就可进行各种计算，再也不用额外求助其他算表了。这样看来，电子表格软件的出现似乎是表格兴衰史中的一个必然，而它也携带着表格发展历程中两个谱系的遗产，迈入 21 世纪。

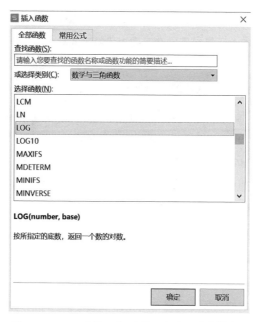

图1-17 WPS表格以"函数"形式体现的计算模块

二、电子表格：理性管理趋势下表格的大众化发展

随着信息技术的发展和数字社会的到来，信息的采集、整理、呈现和分析与人们的日常工作、生活联系越发紧密，虽一直不乏各种专业数据库软件和数据分析与可视化工具，但目前最普及的数据分析软件，恐怕还是诸如 Excel 的大众电子表格。那么问题来了，尽管现代社会各个层面的理性化进程，很多都与表格密不可分，但表格在它绝大部分历史中，毕竟只是少数专业人士才需要使用的工具。那么，这些年来究竟发生了什么，不仅让表格"飞入寻常百姓家"，也让其"飞入"产生如此巨大的影响？以下我们就以电子表格软件的发家史

为例，尝试给出上述问题的线索。简言之，这首先是因为表格性能的进化，但根本上还是缘于理性管理趋势带来的需求。

（一）电子表格软件的发展历程

电子表格软件的发展历程，可以用 VisiCalc、Lotus 1-2-3 和 Microsoft Excel 三款不同时期的代表性软件说明。它们分别在 1981—1983 年、1984—1989 年和 1990 年至今，垄断了电子表格市场，基本上代表了表格软件之诞生、性能走向成熟、使用更加便利三个阶段。[1] 正是在这个过程中，表格的功能越发强大，使用更加"傻瓜"，不仅为其大众化奠定了基础，也为现代社会以计算化、标准化著称的理性化进程之深入，提供了技术保障。

1.VisiCalc 时期

电子表格软件的发明者布里克林（Dan Bricklin）同时有着数学、计算机科学和工商管理背景。他 1978 年在哈佛商学院念工商管理硕士时，经常要完成一些金融分析作业。苦于抱着计算器笨拙地进行纸笔演算，又深知恐怕只有很少人有能力通过编程解决问题，布里克林开发了一款电子表格工具，让不会编程的人也能利用学校的商用计算机（当时个人电脑刚刚兴起）从事数据分析工作。在一位教授的建议下，他还把金融学常用到的函数作为内置模块加入该工具中，这就形成了最初电子表格软件的基本功能：行列结构＋计算模块（见图 1-18）。正是在这个程序原型的基础上，后来的 VisiCalc 被迭代出来。

---

[1] Cf. Martin Campbell-Kelly, "Number Crunching Without Programming: The Evolution of Spreadsheet Usability", *IEEE Annals of the History of Computing*, Vol. 29, No. 3, pp. 6-19.

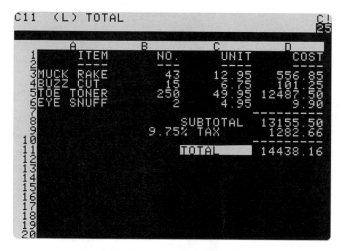

图 1-18　VisiCalc 的早期版本

尽管 1979 年发布时，VisiCalc 只是一款在单色屏上显示数字和文本的简单工具，但其革命性不仅波及使用它大大提升工作效率的金融、财会、管理领域，也拓展到个人电脑的发展这一计算机技术应用本身。根据其创始人的说法，VisiCalc 的发明深受通信业启发。按照 20世纪 30 年代的预测，到 20 世纪 50 年代激增的电话数量将意味着一个庞大的专业接线员群体必须产生。但实际情况却是，拨号技术的发明不仅消灭了该职业，也让每个人成了自己的拨号员。同理，计算机要想普及，就得有一种类似拨号技术的工具，让人人都能以低门槛的方式使用计算机，VisiCalc 试图做到的就是这一点。事实证明，最早瞄准第二代苹果电脑——个人电脑发展史中最成功的产品之一——开发和发布的 VisiCalc，确实提高了个人电脑的市场接受度（见图1-19）。尤其在 20 世纪 80 年代早期，个人电脑、打字机和 VisiCalc 常常作为套餐绑定出售，特别为中层管理人士所厚爱。

图 1-19　经常与第二代苹果电脑绑定出售的 VisiCalc

2.Lotus 1-2-3 时期

说起个人电脑，就不得不提到 1981 年 IBM 推出的 Personal Computer（即 IBM PC）。由于该产品过于成功，"与 IBM 兼容"几乎是当时所有软硬件的生存策略。在这一背景下，一上来就紧抓 IBM PC 市场的 Lotus 1-2-3 逐渐取代了 VisiCalc。总结 Lotus 1-2-3 的成功，除选对了硬件，更重要的是其性能上的集成性、模块性和拓展性优势。顾名思义，Lotus 1-2-3 是一款融电子表格、图形化展现和数据库于一体的"三合一"软件。这一点得益于其创始人卡普尔（Mitch Kapor）的经历。他曾依托 VisiCalc 市场，开发出能够从 VisiCalc 中提取数据，进行趋势分析和图形化展现的"插件"VisiTrend 和 VisiPlot（见图 1-20）。不难理解，当他自己要开发一款独立表格工具，自然会想到把曾经需要在多款软件间切换才能实现的功能，集成到一款软件中。与此同时，Lotus 1-2-3 还支持各种模块化操作。其最大创新之一宏工具（Macro）能够将一组操作存储在单元格中。激活宏，这些操作就会重复播放，用户无须编程，也

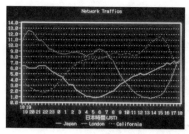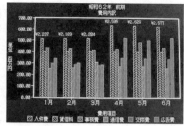

图1-20 Lotus 1-2-3的图形化展示功能

可将重复劳动自动化。而其强大的模板功能则能支持诸如报税表、预算表、工资表等用于解决特定领域问题的工作表，只需在现成模板中输入数据，就能生成漂亮的报表。最终，Lotus 1-2-3还有着突出的拓展性。这不仅因为围绕Lotus 1-2-3自发形成了宏工具和模板市场，更重要的是形形色色的附加组件和插件拓展了表格的性能本身。根据*Lotus*杂志，1987年年底已有约500家公司围绕Lotus 1-2-3创造了1000余款插件。它们共同构成了一个自由汰选的插件竞争机制，能够留下来的产品，承载的都是广受用户欢迎的拓展性能。比如，1985年推出的插件Sideways可以实现表格的横向打印（见图1-21），这个功能貌似简单，却对于大型表格的打印十分重要。

3.Microsoft Excel时期

功能如此强大、生态如此完备的Lotus 1-2-3又为什么退出了历史舞台？原来，Lotus 1-2-3主要运行在以DOS为代表的字符操作系统上。与此同时，微软的Excel却依托Apple OS和Windows等图形操作系统发展起来，并最终取代了DOS时代的表格霸主Lotus 1-2-3。图形操作系统何以有如此摧枯拉朽之势？大家知道，图形交互界面发明前，人机交互主要是字符一命令式，这需要人至少掌握一定

图 1-21　Lotus 1-2-3 插件 Sideways 广告

字符交互语言，计算机的使用门槛相应较高。后来计算机科学家阿兰·凯意识到了计算机的媒介潜能，又受到当时最新认知科学研究成果的启发，发明了能让用户以更本能和原始的认知方式——视觉认知与运动认知——与计算机交互的图形交互界面。这无疑在根本上降低了计算机的使用门槛。1984 年，第一代贯彻 GUI 理念的个人电脑 Mac 上市，当时 Mac 自带的电子表格软件就是与微软合作开发的 Multiplan。而微软则在与 Mac 合作的过程中，认识到了 GUI 的战略价值，在它自己研发的 DOS 尚风靡市场之际，就已把主要研发精力转移到新一代图形操作系统。1985 年微软发布了 Windows 1.0，同年还推出了自家的图形交互表格 Excel。1990 年，与 Windows 捆绑出售的 Excel 随着 Windows 3.0 在操作系统市场上的全胜，逐渐成为 GUI 时代的表格软件霸主，并随着计算机的进一步普及，成为装在千家万户电脑上的大众表格软件（见图 1-22）。

　　从仅能在黑白屏上显示行列数据的简单工具，到拥有强大函数、图表、数据分析功能的综合软件，电子表格的发展是性能不断提升的

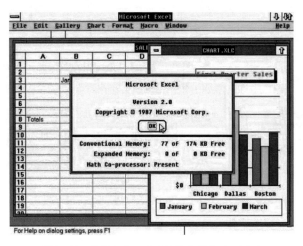

图1-22　与 Windows 2.0 捆绑出售的 Excel 2.0

过程。同时，从让不会编程的用户借助计算机从事金融分析，到让不懂字符交互的用户使用个人电脑进行表格相关工作，电子表格的发展又是使用门槛不断降低的过程。前文提到，正是在一兴（信息处理表）一衰（数学算表）中，电子表格继承了 4000 余年来表格发展史中的双重谱系，在原理上具备了成为人类历史上最强大的表格工具之能力。那么在这里，则是在这一升（性能）一降（使用门槛）中，电子表格试图也将这种强大能力带给每一个普通人。那么问题来了：普通人为何需要电子表格？

（二）理性管理趋势带来需求

在反思"理性管理"的名作《卓越之路》中，两位作者对 20 世纪 60—80 年代美国商学院的情况做了以下描述：

我们上商学院那会儿，最大的系肯定是金融系，大部分学生都有工程学学位（包括我们自己），各种有关定量方法的课十分红火，其实很多我们认定的"真实数据"，不过是因为方便量化而被当作事实而已……在商学院上学，如果不会运用数字（即做一点随便哪种类型的量化分析），你就岌岌可危了。很多人因为害怕末考时计算器没电，会带不少富余电池或计算器。如果"策略"这个词曾经意味着一个让我们在竞争中表现惊艳的好想法，那么今天它则意味着：数字上的突破、市场份额百分比、学习曲线理论……以及将所有这一切放到计算机上来分析。[1]

这里说的正是促使布里克林念工商管理硕士时写出 Excel 的商学院环境。原来，自管理学诞生到 Excel 发明的年代，西方管理学一直被以泰勒的科学管理、韦伯的科层组织、管理科学学派和系统学派等为代表的"理性管理"思潮占据。理性管理大多忽视人的因素（比如欲望、情感、意志、理想），注重决策之科学、权限之清晰、赏罚之分明、规章之系统、组织之有序，尤其强调管理之定量化和标准化。虽然从 20 世纪 80 年代开始，"理性人"假设危机、日本家族式管理的成功、知识经济的发展需要等，也让西方管理界兴起了非理性管理的思潮，但各种反思和调整都无法阻挡理性管理成为西方管理思想和实践之主流。[2]

---

[1] T. Peters & R. Waterman, *In Search of Excellence: Lessons from America's Best-Run Companies*, New York: Harper Collins Publishers Inc., 1982, p. 30.

[2] 参见蔡茂生《20 世纪的管理思想：从理性和非理性的对立走向动态融合》,《学术研究》2005 年第 1 期。

不难理解，正是这一把管理建立在数据、量化、标准化上的倾向，促成了引文中工商管理教学的"计算景观"，而正是这一计算景观，不仅从美国商学院蔓延至美国商业界，也在美式理性管理经验的输出中，扩张到整个世界。这无疑是表格软件之普及和繁荣，源源不断地制造着世界范围内的需求。具体到我国，社会主义市场经济的建立需要现代法制、企业、金融、财会、货币、统计、人力资源管理等制度的支撑，上述计算景观和理性管理体系也随着社会主义市场经济的建立、完善，在中国生根发芽。GDP（国内生产总值）、KPI（关键绩效指标）、财务报表等经管财会术语，进入百姓日常语言，"财报压力""冲 KPI""××别低头，GDP 会掉"，各种指标生产实践也影响着寻常巷陌里的喜怒哀乐。

与此同时，国家治理体系和治理能力的现代化也少不了"理性管理"的介入。[1]自改革开放以来，"从整体支配到技术治理"的理性化、现代化进程，正构成了我国行政改革的主要导向。[2]国务院于1999 年和 2004 年分别颁布了《关于全面推进依法行政的决定》《全面推进依法行政实施纲要》，要求将法治化、技术化、规范化、标准化作为行政建设和监督的核心议题。正是在这样的背景下，"为保障政府治理成效，加强政府规范化管理，避免寻租现象发生，以文本汇

---

[1] 其中最有影响力的理论就是历史学家黄仁宇提出的与理性管理同出一辙的"数目字管理"。在黄仁宇看来，如果统治者无法掌握其统辖范围内的资源分布和生产情况，就很难有合理决策的基础，也很难将国家财政、税收等各项制度建立在合理性基础上。缺乏数目字管理，正是我国明朝之后走向衰落的重要原因。

[2] 参见渠敬东、周飞舟、应星《从总体支配到技术治理——基于中国 30 年改革经验的社会学分析》，《中国社会科学》2009 年第 6 期。

编、资料留存与工作记录等为主要内容的工作方式在科层组织中流行并发展，并最终形成了格式相对统一、流程相对完备、记录相对清晰的台账管理制度"[1]。2010 年，《中华人民共和国统计法》确立了台账在政府部门的地位。2012 年，《党政机关公文格式》又进一步规范了台账的使用。最初被用于项目和企业管理的台账（本义在台面上放的账簿）被正式引入政府管理，并随着信息化建设的全面铺开，从纸质转化为电子形态。[2] 数字台账成为当下主流，构成其重要组成部分的电子表格，也在孕育它的商业土壤之外，找到了另一片更有作为的用武之地。强大的科层体系、指标系统和表格工具捆绑在一起，构成了组织—管理—技术的巨型理性机器。

上文提到，17 世纪以来信息处理表的发展，贯穿着现代社会理性化进程的展开。不难看出，20 世纪以来电子表格的繁荣，正延续并助推着这一蔚为壮观的进程。只不过今天，表格作为一种理性化的技术，功能更强大、使用更简单，同时以量化、标准化为特点的理性化自身，也借 20 世纪兴起的"理性管理"趋势，试图把人人都卷入这进程中。正是在如此背景下，表格作为曾经专业人士才会用到的工具，在其诞生 4000 余年之后的数字时代终于实现了真正意义上的大众化。而理性管理也在这个过程中，借着电子表格的大众化，越发朝着"理性管理的技术化"方向发展。

---

[1] 张园园：《"洞穴之治"：中国治理场景下台账的逻辑》，《探索与争鸣》2022 年第 2 期。

[2] 参见程开明、李夏琳《"数目字管理"与统计思想》，《中国统计》2018 年第 4 期。

三、理性管理的表格化：技术先行及其后果

为什么这里强调的是"理性管理的技术化"而非"理性管理的大众化"？我们不妨从这样一段文字说起：

> 有的地方精准扶贫变成了"精准填表"。一位驻村第一书记反映，他们县从去年11月到现在，主要工作就是填各种表，为完成填表任务，这位第一书记所在单位抽调了几十位同事进行"流水作业"，打印资料已经用坏了3台打印机。[1]

（一）理性管理的技术化

生活在当代社会，如果你在政府机关工作，填表一定在不同程度上构成了你的日常；如果你在企业打拼，即便不用填很多表，一样需要为财务报表中的指标"拼命"。公司业绩要看财报，个人成绩要看绩效表，表格似乎"统治"了世界！作为人类自己创造的理性技术，表格在今天反倒以理性和管理的名义，奴役和扭曲着我们自己。

无论是否愿意，理性化进程一旦启动，就不可逆转。与其批判理性管理，不如在其内部反思哪里出了问题。笔者认为，这里核心症结在于，表格作为理性管理的技术，相对于理性管理的制度和文化，近年来发展得太迅猛。但理性管理若要真正普及，其技术、制度和文化就必须齐头并进。如果只有技术表现突出，那么今天理性管理就只能以技术化，即"大众软件化"的方式"瘸腿"出场。如果沿用"西学东进"思潮中关于器物—制度—文化的表述，这里的问题就表现在：

---

[1] 陈治治：《扶贫须保障，执纪出重剑》，《中国纪检监察报》2017年7月5日。

器物过于先进，在相对滞后的制度和文化环境中，就只能以扭曲、异化的方式发挥作用。如何理解这个判断，我们不妨去看"理性管理"的原创文本，即发明了泰勒主义的《科学管理原理》。

说起理性管理，人们通常首先就会想到量化、标准化、绩效化三个关键词以及由它们组成的管理技术体系。它确实首先来自百余年前泰勒的科学管理实践，其核心是一系列"动作—时间"研究。通过把一项工作分解成不同动作，再对完成动作的不同方式进行时间和其他物理量测量，管理者可以在扎实数据基础上，计算和设计出完成该工作的最优方案，从而减少基于传统经验的工作方式中不必要的损耗。此外，管理者还将根据最合适做该工作的工人之能力，将最优方案标准化（标准作业时间、方法和工作量）并推广开来，由此带来工作效率和员工绩效及其奖励的巨幅提升。如此描述的科学管理机制并没有错，但泰勒在《科学管理原理》中，却这样提醒：

> 迄今为止科学管理的发展情况值得警惕。千万不能把管理的机制，错误地混同于管理的实质或其背后哲学，同样的机制有时招灾，有时却带来福祉。当它服务于科学管理的原则，它就能产生最好结果；当它被错误精神伴随，就只能招致失败和灾难。[1]

原来，当时美国工程管理界大多仅从类似上文描述的技术角度理解和应用泰勒的科学管理体系，一度引发劳工关系紧张。讽刺的是，泰勒当初就是因为不满于传统压力式管理常常引发此类冲突，才走上

---

[1] F. W. Taylor, *Scientific Management*, Westport: Greenwood Press, 1972, pp. 127-128.

了科学管理的探索。那么，科学管理在其普及中究竟出了什么问题？泰勒写下《科学管理原理》，一个重要动机就是纠正人们以技术化的方式片面理解科学管理，澄清完整的科学管理。

（二）泰勒科学管理的原则

在泰勒看来，除了量化、标准化等技术改进，科学管理还应包含以下三原则：

> （1）用科学替代对工人的个人判断；（2）科学挑选和培训工人，为此每个工人都该被了解、教育、培训和尝试，而非让他们自我挑选、随意发展；（3）为了让工作以符合科学法则的方式开展，管理者和工人要亲密合作，一起工作，而非把问题都留给工人解决。如果应用上述新原则，而非像过去一样仅仅只靠工人自己的力量，那么管理者和工人在每项工作的日常运转中，都将几乎以各自擅长的方式，平等分担责任。[1]

这三原则主要强调的是管理者自身的责任以及管理者和员工的紧密合作。"管理者不仅要发展替代传统经验的科学法则，更要耐心培训和监督所有工人，让他们能够在自身能力范围内，做到最高效的工作。这些不仅是管理者的职责，更应成为其乐趣。"[2] 甚至在泰勒最初的设计中，管理者需要对工人进行因人而异的培养，为他制定每天的

---

[1] F. W. Taylor, *Scientific Management*, Westport: Greenwood Press, 1972, pp. 114–115.

[2] F. W. Taylor, *Scientific Management*, Westport: Greenwood Press, 1972, p. 104.

工作量，督导他按照新的科学法则而非因循旧习开展工作。因而科学管理不仅意味着一套管理技术，更需要管理者和工人一起，并排奋战在各项日常工作第一线。这就需要相关制度设计（比如雇用更庞大、专业的管理者团队）和配套文化建设，而泰勒在这里尤其强调的是思想上的变化："从靠逼迫员工努力工作提升业绩的传统管理，变为科学管理，最大的问题在于，管理者和工人的思想态度和习惯都要发生彻底转变。"[1] 工人要以全新态度对待工作、同事和管理者，而管理者更要以全新的态度，对待其职责、同事和员工。

不难想象，泰勒这套融技术、制度和文化于一体的科学管理"理想"很难落实。虽然人们常说泰勒主义及其发展主宰了此后近一个世纪的西方管理世界，但在大多数情况下，科学管理常常被简化为一套量化、标准化、绩效化的管理技术，即便有制度配套，也很难有文化跟进。在最差情况下，它则被生造成一套自上而下颁布的有时或许并不那么"科学"的绩效指标体系，把所有问题都压给员工解决，导致工人过劳产生的各种冲突和问题，恰恰走向了科学管理原则的反面。

（三）治理技术的异化

此时再让我们回到本节开头的研判。表格延续的其实是上述在理性管理诞生之初就已伴其左右的问题，即技术、制度和文化发展上的不匹配。表格作为一种理性化的现代管理技术，比起现代管理制度和文化，本就得益于信息时代而发展得更快。更重要的是在治理的现代化改革中，作为技术的表格，相对于制度和文化显然更好操作、控制，也更易引进、落实。因而，电子表格就十分自然地冲在众多管理

---

[1]　F. W. Taylor, *Scientific Management*, Westport: Greenwood Press, 1972, p. 140.

实践的最前面。在治理方式上，无论权力的布局和运作机制是否有实质改变，有了各种科学、理性、系统的表格，治理似乎就披上了"现代化"的外衣；在治理成果上，无论情况是否真的有所改善，有了表格里规范、标准、好看的数据，至少也能做到第一眼"看上去很美"。

必须承认，一方面，在程序技术上，技术治理助推了科层体系的理性化进程，通过层层表格，责任得以落实，过程得以记录，成绩得以展现，积极作用值得肯定。另一方面，如果只是治理技术发展和表现得过于突出，其他却跟不上，也难免产生一系列表格异化现象。比如，最直观的问题就是基层忙于填表，无暇做事，耗费在管理工具上的精力远远超出了用在管理目的上的精力。又如，治理的现代化止于技术，无法深入，以技术建设上的成就（比如各种政务信息化建设和公文规范规定）掩盖制度和思想建设上可能存在的落后。

不难看出，上述所有现象贯穿着这样一个主线：治理的技术最终异化了治理本身。而异化之所以发生，笔者认为，正在于技术被其环境——常常由制度和文化构成——限定。在一些情况下，技术只是被环境局限，这让表格很难发挥真正的现代治理效能，不过是一种让事情看起来更规范的"包装"。在最差的情况下，技术则可能被环境左右，这让表格的运转非但不能带动治理的现代化，反倒可能成为落后制度和文化的附庸乃至帮凶。

结论：建设让技术发挥正向作用的环境

　　子贡曰：有械于此，一日浸百畦；用力甚寡而见功多，夫子不欲乎？……为圃者忿然作色而笑曰：吾闻之吾师，有机械者必有机事；有机事者必有机心；机心存于胸中则纯白不备；纯白不备则神生不定；神生不定者，道之所不载也；吾非不知，羞而不为也。[1]

中国哲学史中这个以嘲笑算计闻名的种菜老人，如果生在今天，或许也没有那么足的底气批判机械、机事和机心了。无论是否愿意，要想成为一名合格的现代菜农，他可能也得学习科学管理、种植和经营，用表格记录菜园经营状况，从数据中分析蔬菜市场动向。在一个被理性化进程深深塑造的时代，我们几乎已没有机会回到一种"纯白"状态，期待着"生神"和"载道"了。或许比较实际的做法是，考虑如何让机械、机事、机心配合得更好并得以实践，以真正服务于人，而非让"人心"和"人事"双双为工具所累。回到本节话题，表格作为一种理性的技术，若要发挥正向价值，其运转就需要配套制度、文化支撑，倘若没有更深层的转变，这套技术就只能存在于表面上的规范，搞不好还能粉饰真正的问题。最后不仅没有做到真正意义上的现代化，技术自身也落得个"异化"名声。

在这里再次强调，表格本身是无所谓对错的。其实，在表格发展史的大部分时间中，表格基本上是在一个理性化的整体进程中，与其相应的制度和文化共同发生、发展。在这种情况下，技术、制度、文化三者就更容易相得益彰，彼此增强。只不过近年来，表格似乎发展得过快过好过繁荣，而真正能让其发挥正向作用的环境，却有待建设和慢慢培育。那么，什么是这样的环境，又该如何建设这样的环境？在当代语境中，这是一个有着足够意义，同时又有着足够难度的问题。至少在常常被我们贴上"万恶"标签的泰勒主义的最初理想中，这样的环境，需要标准和指标的制定者足够了解业务，与一线员工走

[1]《庄子·天地篇》，载《二十二子》，上海古籍出版社 1988 年版，第 42 页。

得足够近，与他们共同担当，甚至一起在具体的实践中探索和调整合理的执行方式。如果我们把这个"理想"挪到今天，或许这就意味着，"将一个庞大的行政体系置于社会经济生活的具体经验和问题之上"[1]，换言之，让这台"表格机器"随着人们真实的、鲜活的、变动的经验运转，随着人们真实的、鲜活的、变动的喜怒哀乐运转。

---

[1] 渠敬东、周飞舟、应星：《从总体支配到技术治理——基于中国 30 年改革经验的社会学分析》，《中国社会科学》2009 年第 6 期。

第二章

感官和经验

第一节

数字界面：
经验表征的交互界面化及其后果

今天的世界是界面（interface）的世界。我们的工作、生活和娱乐借助界面或在界面中完成。除了已经构成人类生活的个人电脑界面和移动界面，不同界面的功能、表现和用户体验各不相同：虚拟现实的界面大到可以覆盖三维物理世界，小到只与人类虹膜重合；可穿戴设备的界面不仅要听命于人类心智，更要顺服身体弧度；脑机界面简化到只剩下人类神经脉冲和数字信号的转化……而人工智能的野心是制造出一种好像与人类互动的体验，人机"界面"最终成为人机"照面"。种种迹象表明，界面不仅已经成为人类的"第二自然"，也试图扮演人类的"第一自然"。

在信息革命之前，我们也有界面。或许那时我们更愿称其为文本、画框、舞台、相框和投影屏，这是文学艺术的界面，我们在其中体验与物理时空不同的艺术时空。或者我们也愿意称其为操作台、控制板、驾驶舱或者监控屏，这是科学技术的界面，我们通过它改造自己身在其中的物理时空。这样看来，对界面的思考和制造，至少在艺术学和工程学中已经有着悠久的理论和实践传统。但时至今日，我们的数字界面比以往任何时代都要复杂，也更加深入人类经验的方方面面。《界面文化》的作者斯蒂芬·约翰逊（Steven Johnson）认为：

> 数字革命最深刻的变革不是那些花哨的功能，不是新的编程难题，不是 3D 浏览器，不是声音识别，不是人工智能，它存在于我们对界面自身的普遍期待中。我们将会把界面的设计当作一种艺术形式，或许它就是那个 21 世纪的艺术（the art form of next century）吧。随界面而变的是众多其他变化，它们发生在日常生活的方方面面，改变我们讲故事的喜好，重塑我们对物理时空的感知，影响我们鉴赏音乐的趣味，革新我们的城市规划。其中有些变化微妙平缓、很难发现，更确切地说，即使能够发现它，人们也很难发现这一变化与界面的关系。[1]

斯蒂芬在这里提出了作为 21 世纪的艺术的界面。如果今天艺术和技术的结合不仅是正在发生的事实也是未来的发展趋势，那么我们就必须严肃思考这样一些问题：如果说曾经艺术品和工具有着不同功能，因此也有着不同界面，那么今日艺术和技术的融合将为各自的界面带来哪些变化？界面的变化如何反过来影响功能的变化？最终功能和界面的变化又会对我们的生活有哪些影响？这就是本节关注的三个问题。

一、作为元界面的数字界面

无论数字界面意味着什么，它首先是计算机的界面，因此我们首

---

[1] Steven Johnson, *Interface Culture*, NY: Basic Book, 1997, p. 213.

先要探讨的也是运算的界面。那么运算为何要有界面？让我们从算盘说起。算盘被认为是计算机的前身，拨动算珠，默念口诀就会得出答案。在这里输入、输出、储存、控制、运算五种功能，在由算盘口诀和肌肉引领的同一个动作中完成。1945 年，在冯·诺依曼为计算机绘制的著名结构图中，输入、输出、储存器、运算器和控制器成了不同的部分。输入和输出、运算和控制就这样分属于不同的逻辑层级和物理空间，于是人们再也不可能像打算盘那样，在同样的思考和行动中同时理解不同功能的操作和实现。不难预见，这一理解的鸿沟会随着计算机的发展越变越大。一方面，输入和输出越发人性；另一方面，计算和控制越发复杂。为了缩小这个鸿沟，作为人机中介的界面就这样走上了历史前台。

界面设计是个宏大壮观的跨学科工程，其中具有里程碑意义的事件就是电脑图形学的诞生。1965 年，计算机图形学之父苏瑟兰（Ivan Sutherland）在《终极显示》中这样写道：

> 显示（display）的任务是充当这样一面镜子，通过它我们能看到数学那个建构在计算机中的"镜中奇境"（looking glass into the mathematical wonderland）。它还能尽可能多地服务于各种感官……高质声音的确已经有了，但我们还无法让计算机产生有意义的声音。[1]

---

[1] Ivan Sutherland, "The Ultimate Display", in Wayne A Kalenich ed., *Information Processing 1965: Proceedings of IFIP Congress 65*, London : Macmillan and Co., 1965 , pp. 506–508.

苏瑟兰在此提出了从数学到意义的转化问题，这是计算机和人类互动的关键，也是数字界面设计的核心。如果说《爱丽丝镜中奇遇记》(*Through the Looking Glass*)的作者、数学教师道奇森(Charles L. Dodgson)从数学和逻辑的世界中建构出了一个可居可游的奇境世界，成为艺术家卡罗尔(Lewis Carroll)，那么苏瑟兰的梦想就是成为信息时代的卡罗尔，让数字界面也能连接和跨越科技与艺术。

但数字界面不仅仅连接了科技和艺术，它本来就是科技的和艺术的。为了说明这个问题，还是让我们回到计算机的早期缔造者那里。1936年，计算机之父图灵以数学的方式提出"通用图灵机"的概念，11年之后(1947年)他这样总结道：

> 它(计算机)可以被塑造去做所有工作。事实上，它可以被塑造成如同任何其他机器那样工作。这种特殊机器或许可以被称为通用机器。[1]

1984年，凯作为现代个人电脑的缔造者，对图灵的思想做了进一步发展：

> 它(计算机)是一种媒介，可以动态模拟其他任何媒介的细节，包括那些不可能在物理意义上存在的媒介。即使它可以装作很

---

[1] 1936年，图灵在伦敦数学学会的刊物上发表《论可计算数及其在判定问题中的应用》(*On Computable Numbers, with an Appication to the Entscheidungsproblem*)，以数学的方式首次提出"通用图灵机"的思想，图灵1947年的表述是对这一表述的发展。

多工具，但它首先不是工具。它是一种元媒介（metamedium），因此拥有表征和表达的自由，这种自由前无古人，有待探索。[1]

在图灵看来，计算机不仅是工具，也是一种元工具，一种可以模仿其他工具的工具。凯则告诉我们，计算机也是一种媒介，并且是一种元媒介，一种可以模仿其他媒介的媒介。于是，"媒介"和"工具"两种处理不同问题、履行不同功能、有着各自发展轨迹的文化产物终于在计算机中获得了综合。众所周知，媒介和艺术的关系紧密相连，有什么样的媒介，几乎就有相应的媒介艺术。或许正因如此，计算机天生就具备了沟通艺术和工具界面的技术潜能。下一部分我们将从媒介的界面和工具的界面这两个角度出发，看一看数字界面对其前辈的继承和革新。

二、数字艺术界面对传统艺术界面的继承和革新

前文提到数字界面是数学的界面。一方面，这意味着数字界面一上来就是一种完全不同的界面；另一方面，也意味着它必须要处理和传统媒介界面的关系。麦克卢汉在《理解媒介——论人的延伸》的开篇写道："任何媒介的'内容'都是另一种媒介，正如文字的内容是语言，印刷的内容是文字，电报的内容是印刷。"[2]36 年后，《再中介：

---

[1] Alan Kay, "Computer Software", *Scientific American*, Vol. 251, No. 3, 1984, pp. 41-47.

[2] 参见［加］马歇尔·麦克卢汉《理解媒介——论人的延伸》，何道宽译，商务印书馆 2000 年版，第 34 页。译文有所调整。

理解新媒介》对这段文字做出了如下解释:

> 麦克卢汉所想的不是简单的中介, 而是一种更加复杂的借用, 在这样的借用中, 一种媒介自身为另一种媒介包含和再现 (represent) ……我们称一种媒介在另一种媒介中的表征为"再中介"(remediation), 我们认为"再中介"是新媒介的决定性特征。[1]

数字媒介是媒介的媒介, 这就为作为新媒介决定性特征的"再中介"提供了技术上的保障。现在我们的问题是, 此处所谓"更加复杂的借用"究竟指的是什么? 具体到我们的问题, 就是数字界面究竟向艺术界面借用了什么, 在借用的过程中, 什么被继承了下来, 什么又有所超越。

(一)数字版本的艺术界面:从可读到可写

从 2004 年开始, Google 开启了一项图书计划, 其目标是扫描全世界所有的图书资源, 其成果就是今天的 Google Book。虽然全世界最大的数字图书馆这一梦想在实际操作中, 遭到了来自作家和出版商的阻力, 但这项计划本身很能说明"媒介的内容是另一媒介"这个论断。[2] Google 制作电子书只是冰山一角。每年有无数在传统媒介上

---

[1] Jay D. Bolter and Richard Grusin, *Remediation*: *Understanding New Media*, Cambridge: MIT Press, 2000, p. 45. 根据语境, 笔者将 remediation 翻译为 "再中介"。

[2] Cf. Ken Hillis, Micheal Petit, Kylie Jarret , "The Library of Google", in *Google and the Culture of Search* , NY and London: Routledge, 2013, pp. 146-173.

保存的图像资源和影音资料，在用新科技保存人类文化遗产的壮丽事业中，被转化成各种各样的数字格式，其中不乏艺术作品。

但数字版本不只是模拟信号向数字信号的一次转化。传统媒介在数字化的过程中似乎也获得了专属于数字媒介的功能。例如，我们使用图像编辑软件，可以把一个完整的图像分为不同的图层逐层修改，或者从中抽取不同的属性分别调整。数字版本的艺术界面在此不仅扮演了为我们所熟知的"可读"界面，也成了各种各样的"可写"界面。或者更确切地说，虽然艺术界面一直都具有可读可写的潜能，但数字界面的廉价读写成本和便捷编辑工具让这一潜能实现了民主化。

以上我们讨论了模拟其他艺术界面的数字界面，那么，当数字界面寻找自身的艺术表达形式时，又会有怎样的特征呢？下面我们以虚拟现实界面为例来探讨这个问题。

（二）数字艺术界面的仿真：从感觉到行动

贡布里希在《艺术与错觉　图画再现的心理学研究》中写道："每一种风格都着眼于忠实地描写自然，毫不旁骛，但是每一种风格都有它自己对自然的概念……" [1] 从文艺复兴开始，一种以科学的方式再现自然的绘画风格伴随着透视法脱颖而出。从投影、摄影再到电影，透视法与其他光影和色彩技术结合，创造了不仅逼真甚至能够冒充真实的绘画、摄影和电影艺术界面。但为了维护这样的效果，一个必要的手段就是隐藏图像边界。因为只有在边界内的区域人们才会悬置物理世界的经验，沉浸在艺术的时空中。不管被解释为艺术自觉还

---

[1]　［英］E.H.贡布里希：《艺术与错觉　图画再现的心理学研究》，林夕、李本正、范景中译，浙江摄影出版社 1987 年版，第 21 页。

是政治抵抗，现代艺术的一大特征就是暴露界面，其中最直观的代表就是《这不是一只烟斗》。[1] 在这个意义上，数字界面似乎具有某种程度上的先锋精神，它以一种更加复杂的方式，把图像窗口、图像编辑窗口、编辑图像中出现的文本和声音的窗口、查找本地素材的文件夹窗口、查找互联网素材的浏览器窗口，以及同时运行的聊天和音乐播放器窗口还有显示这些窗口的桌面，一同并置、嵌套或叠放在同一个数字界面上。所谓"自然"的生产过程就这样赤裸呈现在人们面前。今天就连业余人士都多少明白 PS 和剪辑的含义：这照片是不是PS 出来的？哪些镜头又被剪掉了？这电影做了几个版本？这些不再是专业人士的高端问题了。[2]

但是，数字界面也在制造自然的问题上走在了最前列，其中一个最卓越的领域就是虚拟现实（Virtual Reality）。[3] 虚拟现实的卓越之处主要体现在两方面，第一是界面的隐藏技术。1970 年，苏瑟兰在犹

---

[1] 《这不是一只烟斗》是如何撼动之前的认知方式的，可参见［法］米歇尔·福柯《这不是一只烟斗》，邢克超译，漓江出版社 2012 年版。

[2] Cf. Lev Manovich, "Postmodernism and Photoshop", in *The Language of New Media*, Cambridge: MIT Press, 2002, pp. 129-132.

[3] 兰德尔·帕克（Randall Packer）在《新观念史词典》中为虚拟现实撰写的词条这样写道：虚拟现实是在 20 世纪 80 年代末期开始流行的术语。费希尔在美国国家宇航局埃姆斯研究中心（NASA-Ames Research Ceter）对该领域新技术的发展和批判性研究助长了虚拟现实的流行。虚拟现实广泛利用了艺术、科技和通信技术的多样发展，其关键是沉浸性体验的质量，无论这种体验是仿真的还是真实的。在这个意义上，沉浸与艺术再现的问题密切相关，在艺术再现中，世界被翻译为视觉形式。但虚拟现实扩展了"再现"的手法，因为它也涉及诸如听觉和触觉的其他感官，从而带给受众一种多感官体验。Cf. "Virtual Reality", in Maryanne Cline Horowitz ed., *New Dictionary of History of Idea*, Vol. 6, MI: Thomson Gale, 2005, pp. 2414-2421.

他大学的实验室制造出第一个虚拟现实环境。虽然受试者的头盔因为太笨重被称作"达摩克利斯之剑",但就是这个笨重的头盔让观众的视角和设备镜头完全重合。不难看出,在制造"现实"中占有重要地位的透视法在这里又有了新的发展。从电影到虚拟现实,观测点从外在移动镜头变成了与体验者虹膜重合的内在移动镜头,电脑图形学的空间就这样与三维物理空间完美叠加在一起,除非摘掉头盔,否则永远也别想看到数字界面的边界,你只能沉浸在虚拟现实中。[1]

虚拟现实再现自然的第二个技能表现在所涉感官的广度。例如,20 世纪 80 年代,费希尔(Scott Ficher)设计了虚拟互动环境工作站(Virtual Interactive Environment Workstation,VIEW),为美国宇航局提供了最先进的仿真训练环境。受训宇航员的穿戴设备除了头盔还有数据手套,系统会根据这些设备捕获来的运动数据对参与者做出智能反馈,体现为三维感官环境在人机互动中的即时改变,不仅涉及三维视觉,还包括立体听觉和多角度的触觉仿真。虚拟现实就这样从感官的角度扩展了从视觉艺术延续下来的"制造"自然的能力。

但这种制造感官的能力或许并非前无古人。正如唐·诺曼(Don Norman)在《作为剧场的计算机》(*Computer as Theatre*)的前言中所言:

> 莎士比亚在《皆大欢喜》中这样写道:"这个世界是一个舞台,

---

[1] Cf. Lev Manovich, "Kino-Eye and Simulation", in *The Language of New Media*, Cambridge: MIT Press, pp. 234-240.

所有男女不过是这个舞台上的演员。"对于我们，计算机以及它五彩缤纷的程序和应用就是这样的舞台，为我们提供了在上面建立场景和行动的平台。[1]

这段话有两点很有趣，首先诺曼把数字界面联系到"模仿论"（Mimesis）的源头：戏剧。其次，它从"世界是舞台"过渡到"计算机是舞台"。如何理解这段文字呢？

首先，根据前文论述，以数字版本的形式，数字界面的内容可以是传统界面本身，但原来的"可读"变成了数字化的"可写"的界面，不仅是阅读也是行动的对象。

其次，以再现自然为核心，数字界面继承了艺术界面的问题，但此时的界面不再是只能观看的媒介，也变成了可以和参与者一起互动共生的行动媒介。

很明显，所有的变化中"行动"都是主角。根据亚里士多德的传统，戏剧是对行动的模仿，不难看出，就是在"行动"这个关键问题上，数字媒介与戏剧这门最古老的艺术达成了共识。这就是诺曼以上引文的关键所在。

但这是否意味着一种数字版的"模仿论"？让我们从另一个具体案例说起。

20世纪90年代早期，丹·桑丁（Dan Sandin）在芝加哥大学建立了第一个洞穴状自动虚拟系统（Cave Automatic Virtual Environment，CAVE），此后类似系统都有了一个共同的名字"洞穴"

---

[1] Laurel Brenda, *Computer as Theatre*, New Jersey: Pearson Education, 2014, Foward XIII.

（Cave）。"洞穴"往往是一座房间，房间的墙壁上（从三壁到六壁不等）显示的是动态变化的计算机图形界面，有的图形还能与"洞穴"中人互动。不难理解，"洞穴"这个名字来自《国家篇》中的"穴喻"[1]，但在桑丁看来，虚拟现实不是现实的再现，而是理念的落实，这里的关键不是用感官幻觉"模仿"现实，而是从理念中创造一个与物理现实密切相关又有所不同的另类现实。

今天的事实证明，虚拟现实就在按照这个方向发展，它所提供的仿真环境不仅成了军方的模拟训练舱，也应用在医疗、教学和设计各领域。例如：心理疾病患者在与仿真环境的互动中得到治疗；不同地域的学徒在同一个虚拟车间练习装配汽车；设计师则用虚拟现实软件画图，这份图纸将成为实际生产的依据和范本……[2]

虚拟现实的可能性就是现实的可能性，其可能性是无限的。虚拟现实的界面消失了，出现的将是通向另一个世界的大门。[3]

今天的数字艺术界面不仅是一种模仿和再现的界面，也是人类创

[1] 桑丁的 CAVE 系统可参见 Carolina Cruz-Neira, Daniel J. Sandin and Thomas A. DeFanti, "Surround-Screen Projection-Based Virtual Reality: The Design and Implementation of the CAVE", *SIGGRAPH ' 93: Proceedings of the 20th Annual Conference on Computer Graphics and Interactive Techniques*, 1993, pp. 135 – 142。

[2] 虚拟现实技术最新的应用案例可参见 Jae-Jin Kim ed., *Virtual Reality*, Rijeka: Intech, 2011。

[3] Scott Fisher, "Virtual Interface Environments", in Randall Packer and Ken Jordan eds., *Multimedia: From Wagner to Virtual Reality*, NY: Norton, 2002, pp. 257–266.

造的另类现实。[1] 因此，它之所以是行动的界面，不仅因为技术推动了艺术从阅读对象到互动对象的发展，也因为数字艺术的界面本来就是构成今日现实的一种独特现实。如果现实本就可读可写，既是认知的也是行动的界面，那么数字艺术的界面何以最终是行动的界面，也就不难理解了。或许这就是为什么诺曼会从"世界是舞台"引出"计算机是舞台"了。首先，数字艺术界面扩展了艺术界面的能力，艺术界面的互动潜能得到了多方位的发展，由此成为行动的对象。其次，这一扩展的结果是艺术界面的性质从媒介到另类现实的质变，现实的界面本就是行动的界面。

但数字界面似乎在另一个传统中一开始就是行动的界面，现在我们就从艺术转换到这个传统中：作为工具界面的数字界面。

三、数字界面对传统工具界面的继承和革新

如果把双手当工具是本能，那么用双手制造工具就是智能。[2] 工具为人类带来文明，但当工具试图成为双手的延伸时，一个重要的问

---

[1] 其实艺术究竟在创造还是再现，一直是争论不休的问题。不需要等到数字媒介发展到虚拟现实阶段，人们才意识到这个问题。例如：前文我们提到玛格丽特用《这不是一只烟斗》，挑战艺术的再现传统，贡布里希则直接引用"烟斗"的案例提出，如果堆雪人时说"我们给她个烟斗吧"，然后用树枝给雪人做了个烟斗，接着又因为雪人融化烟斗掉下感到忧伤，难道是因为我们认为树枝是烟斗的再现吗？因此艺术的关键不再是冒充现实，而是创造可供体验的另类现实，参见［英］E. H. 贡布里希《艺术与错觉 图画再现的心理学研究》，林夕、李本正、范景中译，浙江摄影出版社 1987 年版，第 117 页。

[2] 参见［法］亨里·柏格森《创造的进化论》，陈圣生译，漓江出版社 2012 年版，第 122—135 页。

题也随之而来：人造"手"如何"上手"？我们对数字界面的讨论就围绕"上手"这个问题展开：数字界面是否上手？在"上手"过程中遇到了哪些挑战，又采取了什么应对方案？

计算机诞生前的工具功能相对单一，但计算机是可以模仿任何可计算的工具的元工具。一方面，这让它的功能日益综合复杂；另一方面，这也让它超出单一工具的应用领域局限，为计算机从科研和军事朝民用方向的拓展提供了保障。但与此同时，综合化和大众化两个趋势也为计算机界面的设计提出了挑战：如何让大众与计算机这个综合复杂的工具互动？但好在"计算机的形状、形式和外表都不是固定的：它可以变成设计者想要它们成为的任何样子。计算机是条变色龙，可以改变形状和外表来适配环境"[1]。我们将在下文看到，计算机的元媒介属性是如何被应用在工具界面的设计中，以满足人类的"上手"需求。

（一）作为图形界面的数字工具界面：互动场景的再现

在海德格尔看来，只有当工具不再是认识对象时，才可能成为上手的工具。对于诺曼，理想的计算机同样也是"不可见的"：

> 让我们来设想一下未来的计算机会是什么样的。如果我说它甚至是不可见的，你在用它时不会知道在用它，这究竟是什么意思？其实这已经是今天的现实：当你在使用汽车、微波炉、播放器、计算器和游戏机的时候，你注意不到计算机，因为你觉得你在开车、

---

[1] Donald Norman, *The Design of Everyday Things*, NY: Doubleday, 1990, p.183.

做饭、听音乐、做数学和玩游戏。[1]

诺曼在 1988 年描述的这个"不可见的"计算机，在今天有两种实现方式。在第一种情况下，界面被取消，计算机成为各种工业产品的控制内核，它们能够自动捕获数据、自动做出反馈，操作界面在这里有的只剩下隐匿的开关。[2] 但更多时候我们面对的是第二种情况，即透明的界面。在这种情况下，我们感知不到界面的存在是因为它太符合我们的习惯。这就立刻向我们提出了这样一个问题：如何从很少有人习惯的抽象算法中创造出一个大家都习惯的互动界面？图形界面的出现在很大程度上回答了这个问题。

早期人机互动需要在蓝屏上输入人为规定的命令，今天我们只需在图形化的桌面上用鼠标点击各种各样的图标。不难看出，这个过程的关键就是让人类通过一种直观的方式命令，再通过相关程序，把人类的意思翻译为机器可识别的语言。比起直接操控机器，直接操控图标显然符合人性。虽然这其实是一种通过控制图像间接控制机器的思路，但间接的方式反而看起来更加直接。界面设计的重要原则"直接操控"（Direct Manipulation）就是从这里提炼出来的。不难看出，"直接操控"的核心是提供一个符合人类互动习惯的场景，用户可以直观理解这个场景的意义和互动规则。当然这可以是一种人为训练出来的习惯，正如我们使用鼠标和键盘；也可以是一种符合感觉和行为规则的操作界面，例如 Windows、Word。但在某些情况下，设计者

---

[1] Donald Norman, *The Design of Everyday Things*, NY: Doubleday, 1990, p. 185.

[2] 智能工业设计和数字设计的结合可参见 Bill Moggridge, *Designing Interaction*, Cambridge: MIT Press, 2006, pp. 661–662。

也会采用一种更加自然的习惯场景，这样一来，我们就免不了谈及数字界面的感官再现能力了。

对此，"直接操控"的提出者施奈德曼（Shneiderman）在《直接操控》中这样写道：

> 直接操控的关键在于恰当再现现实或者建构现实的模型……在很多应用中，用视觉语言思考信息问题一开始很困难。但很快我们就会认为，谁会愿意用复杂的句法去描述一个本质上的视觉过程？[1]

今天的互动场景再现已经从强调视觉发展到了综合感官环境的模拟。为了说明这一点，我们不妨以"击打"这个最根本的控制为例。1971 年发布的《乒》（Pong）几乎是最早的电脑游戏，《乒》的场景比较抽象，几乎可以看作一个点在两条直线之间打来打去；到了 1978 年的《超级打砖块》（Super Breakout），点和直线分别被具象化为石头与墙，于是击打行为就变成了用石头砸墙的破坏行动；到了 FIFA 系列（1993—　），击打的操作出现在足球绿茵场上，绚丽的电脑动画和仿真三维建模不仅给击球者带来良好的击打体验，世界杯的国家竞技叙事也为"击打"添加了壮观的意义背景；再到 Wii（2006—　）的球类体感游戏，用户可以直接用身体和界面互动，或者说用身体的运动来击打界面中飞来的球。不难看出，在这个演变过程中，绘画、音乐、电影、雕塑、戏剧，各艺术门类的感官再现手法

---

[1] Shneiderman, "Direct Manipulation: A Step Beyond Programming Language", *Computer*, Vol. 16, No. 8, 1983, p. 66.

逐渐被数字界面吸收、综合，建构出了今天最"直接"的互动界面，它试图以一种最"自然"的方式向用户提示操控行为。

不得不承认，今天主导计算机的隐喻还是"桌面"和"页面"。无论从技术的可行性还是从应用的必要性上来看，离真正成为可供"游览"的三维赛博"空间"，今天普遍流行的二维界面都还有很长一段距离要走。[1] 笔者之所以探讨这些今日并非常见的界面，为的是从这些多少带有"思想实验"性质的极端情况出发，以便放大数字界面不同层面的特征和功能。

以上对图形界面的操控效果仅限于计算机，可当我们通过操控图像操控真实的世界时，又会是怎样一番情况呢？下面，我们要讨论的是另一种不常见的界面。

（二）作为"遥在"界面的数字工具界面：互动场景的创造

曾经劳动必须位于劳动现场。劳动即时执行，效果即时反馈，劳动者的身体也创造了劳动发生的时空环境，但并非所有的劳动现场都适宜人类活动。或许这就解释了为何恰恰是那些在战时突飞猛进的技术，让脱离现场的劳动成为可能。例如，第二次世界大战期间，雷达

---

[1] 1990 年出现的 VRML 语言是现在在网页上实现在三维空间中浏览的基础，VRML 发明的一个初衷就是取代 HTML 语言的"网页"浏览方式，真正实现在所谓赛博"空间"中的"航行"。但由于当时的计算机硬件很难满足 VRML 的配置要求，VRML 的想法仅实现在诸如《黑客帝国》等科幻作品中。今天随着硬件的发展，三维浏览已经在各种各样的三维虚拟社区、数字博物馆、网页三维游戏等 VRML 的具体应用中逐渐实现了。Cf. Mark Pesce, "Ontos, Eros, Noos, Logos: 1995 Keynote Address for the International Symposium on Electronic Arts", http: //www.xs4all.nl/~mpesce/iseakey.html.

的发明带来了即时图像，虽然图像简化为屏幕上的移动点，雷达成像却有效满足了信息实况反馈的刚性需求。于是在雷达监控和导弹遥控的配合下，人类不需要到战场上厮杀，也可以决胜于千里之外了。

人做到了脱离现场，操作上的"隔"也由此产生了。不难看出，这里的一个重要变化就是原来由劳动现场充当的执行、反馈同时发生的环境，如今分属于遥控和监控两个领域。换言之，劳动者的感知和行动被分开。如何解决这个问题？一个方法就是把反馈环境的命令直接嵌套进执行环境的命令。于是，属于反馈环节的汇报界面同时也充当了属于执行环节的操作界面，界面的重合就这样消除了感知和行动的分离感。例如，1995 年 6 月 20 日，一辆玩具车穿过位于德国雷根斯堡的尼伯龙根大桥，车载摄像机以驾驶员的视角把实时路况分别传回位于林茨、纽约和莫斯科的三个模拟驾驶舱，模拟舱中的驾驶员把实况转播屏幕当作挡风玻璃，就能通过控制固定不动的模拟车身，遥控位于千里之外真实环境中的汽车了。[1] 但这一次，由于模拟驾驶舱的出现，遥控变为"遥在"（telepresence），遥控器的界面在这个变化中也相应变成了"遥在"的界面。

不难看出，就是在感官因素的引入中，"遥在"带给了我们一种借助控制关于现实的图像即时控制物理现实的能力，通过这样的方式，被传送到劳动现场的除了劳动者的操控能力，还有其他感觉能力（例如视觉和听觉）。如果感觉可以部分代表身体，那么在某种意义上，这就部分完成了从简单的"控"到身体的"在"的转变，"劳动者的'身体'好像被即时传送到另一个地点，在那里他能够以主体的

---

[1] 参见 http: //90.146.8.18/en/archives/festival_archive/festival_catalogs/festival_artikel.asp?iProjectID=8656，2014-07-11。

身份作业"，例如修理空间站、水下挖掘、在尼伯龙根大桥上开玩具车，或是控制微操作机器手臂在人类身体中做手术。[1]

如果在互动场景的再现中，对图形界面的操作改变的不过是计算机中的虚拟世界，那么此处的操作，改变的无疑是现实本身。或许通过控制对于现实的再现来改变现实并非新鲜事物：在由相似率统治的巫术思维中，控制某物可以通过控制与其具有某种感官相似性的图像和声音来实现。有趣的是，在这一点上，最新的技术和古老的巫术竟然达成了共识，前者同样是在对再现场景的操作中控制真实的现场自身，但它不仅呼应技术和艺术未分时的巫术思维，其实在某种程度上也回应了艺术的理想：如何让艺术创作同构于真正的现实，如何让皮格马利翁通过雕塑他爱的女人让台下的现实中也出现这个女人。

四、数字界面的结构和影响

本节开篇我们提到，真正的数字变革存在于我们对界面自身的普遍期待中，表现在我们的生活在界面影响下的微妙变化。上文我们对数字界面的数学、艺术和工具渊源进行了一番梳理，不难看出今日的界面虽然看似简洁、简单，实则有着多维而多变的结构。下面我们将首先从艺术和工具的角度对数字界面的结构进行一个简单总结，再来尝试探讨如此界面的一个重要特征对其使用者的影响。

---

[1] Cf. Lev Manovich, "To Lie and to Act", http: //manovich.net/index.php/projects/to-lie-and-to-act-potemkin-s-villages-cinema-and-telepresence.

（一）数字界面的暧昧结构：在艺术和工具之间

我们从艺术和工具的角度对数字界面的沿革进行了一番探讨。我们认为：

1. 数字界面是运算的界面，也是所有可计算的特定工具界面的元界面和可以模仿的特定艺术界面的元界面，这就为数字界面的多变性、综合性和复杂性提供了技术前提。复杂性的一个重要表现就是出现了"作为行动对象的数字艺术界面"和"作为审美对象的数字工具界面"。不难看出，界面的艺术属性和工具属性分别在以上两种界面中相互渗透：艺术是行动的对象，而工具是美学的对象。但一种更复杂的现象则表现为界面本身性质的暧昧不清，因为 2. 数字界面可以充当"作为行动对象的数字艺术界面"参与互动艺术环境的制造。3. 数字界面同样可以作为"再现行动环境的数字工具界面"，营造人和机器的互动环境。4. 数字界面也可以在充当"再现行动环境的数字工具界面"的同时，作为"制造现实行动的图像执行界面"真正参与到现实互动场景的创造中。

以上 4 点的关系可以通过图 2-1 表示。不难看出，"作为行动对象的数字艺术界面"和"再现行动环境的数字工具界面"具有或多或少的相似性，虽然前者继承的是改写或制造另类现实的艺术问题，后者关心的是提供符合人性的互动场景以解决工具的"上手"问题。但在很多情况下，如果没有其他因素做参考，是很难判断正在进行的究竟是互动艺术活动还是通过虚拟化的界面开展的工作。与此同时，"再现行动环境的数字工具界面"又具有成为"制造现实行动的图像执行界面"的潜能，这就使再现和创造、观看和行动的关系更加暧昧不清。这样的暧昧结构会给使用者带来哪些影响，这就是我们下面要讨论的问题。

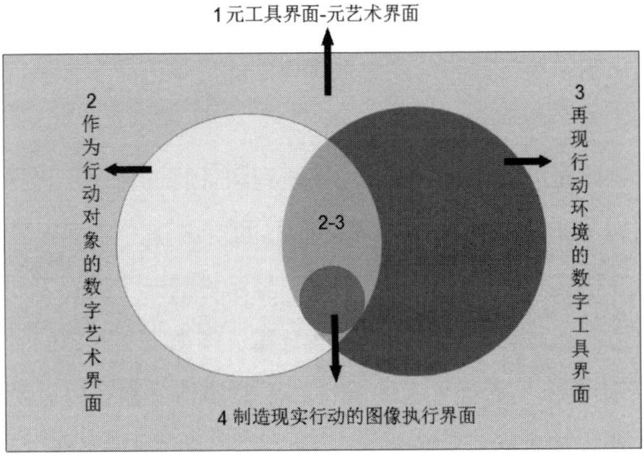

图 2-1

（二）数字界面上的暧昧行为：以电影《安德的游戏》为例

让我们从电影《安德的游戏》提供的极端案例开始分析。人类面临着外星人入侵，安德所在的军校作为培养人类未来军事领袖的最高学府，却采用了一种游戏式的培养和选拔方法：进入模拟战斗环境和队友配合获得胜利，然后晋级更高难度。安德在训练中脱颖而出，作为司令员的他指挥整个少年游戏战队在最后一关出乎意料地把外星人的星球炸得粉碎。当安德以为游戏通关、选拔结束的时候，观战的军方高级将领才告诉他，这支少年游戏战队早已成为人类的作战指挥中心，最后这场游戏也根本不是仿真模拟，而是真实发生的战斗本身。安德因为种族灭绝的决定内疚万分，他带上外星人的血脉走上了为其重建家园的星际征程。

不难看出，"安德的游戏"成立的关键，就是模拟战斗和实际战斗的不可区分。这种训练方式并非凭空想象，而是有着真实的理论和实践依据。1978 年，美国军方提出了联网仿真训练的设想，其目标是让受训人员在虚拟战场环境中无法对训练系统和真实系统做出区分（恰恰就是在军方相关计划的推动下，我们才有了今天以虚拟现实为代表的仿真技术）。[1] 如今，美军的联网仿真已经和"作战实验系统"结合。未来的各种作战方案可以在该系统中得到预先实践（pre-practice）。如果说我们曾经的做法是"总结过去，指导现在"，那么现在的策略则是"模拟未来，指导未来"。[2] 正是在这样的现实背景下，才有了科幻电影中的这一场景：此时，模拟显示屏上的图形界面已经被替换为战斗现场的实况转播，而战斗指令的执行效果也早已超出模拟指挥舱的界面，可是安德却对此丝毫没有察觉。"安德的游戏"固然是一种虚构的极端案例，可它却为我们提供了思考下列问题的空间：究竟是一种什么样的状态让安德混淆了界面中和界面外的世界，这样的状态是否在不同程度上也存在于数字界面的日常使用中？我们可以用两种方式讲述《安德的游戏》：一是安德在模拟仿真中成长，战胜外星人为人类赢得了和平；二是安德沉浸于虚拟世界，虚实不分

[1]　该想法由索普（J. A. Thorpe）在《展望未来：1980—2000 年机组人员培训》（*Future Views: Aircrew Training 1980-2000*）中提出，该论文未发表，现存于美国空军科学研究局（Air Force Office of Scientific Research），但对于该论文的讨论出现在多篇文章，例如：Richard Atta, Sidney Reed, Seymour Deitchman, *DARPA Technical Accomplishment: An Historical Overview of Selected DARPA Project*, Institute for Defense Analysis, IDA Paper P-2429, 1991, Vol. 2, p. 10; Timothy Lenoir, "Programming Theatres of War: Gamemakers as soldiers", in Robert Latham, ed. *Bytes, Bandwidth, and Bullets*, NY: The New Press, 2003; M. Harris, "Entertainment Driven Collaboration", *Computer Graphics*, Vol. 28, No.2, 1994, pp. 93-96.

[2]　参见沈寿林、张国宁、杜丹《作战实验：战争预实践的有效方法和手段》，《中国军事科学》2007 年第 3 期。

造成种族屠杀。前者把模拟世界当作改变现实世界的工具，后者把模拟世界当作与现实不同的虚拟世界。联系上文，我们就会发现，计算机是改造物理现实的工具，又是制造虚拟现实的媒介。讲述这个故事的两种视角一直伴随着计算机技术的发展。功利目的和审美体验本来就同时存在于数字界面的不同层面，关键是其使用者究竟唤起了哪种性质的潜能。

现在就让我们结合使用者的因素，以《安德的游戏》为例再次反观数字界面的结构。一方面，或许在少年安德看来，这里自始至终出现的只有"作为行动对象的数字艺术界面"，这样的界面不存在伤亡责任，也没有战术规约，唯一值得注意的就是游戏体验的精彩和刺激。少年的精神在艺术的界面上全面发展，艺术界面的潜能也因为少年的参与得到了最充分的发挥。另一方面，在军校教员看来，这里最重要的是"再现行动环境的数字工具界面"，安德在乎的审美体验不过是仿真环境的副产品，仿真的目的则是行动的养成和决策的培养。与此同时，在军方将领看来，游戏是手段，训练是过程，唯一重要的是实战指挥舱中那个"制造现实行动的图像执行界面"，是那个与真实的战场相连的指挥面板。最终，真正的战争将会通过安德面前的数字指挥界面全面展开，此时的屏幕显示的将是真实的战况，此时的命令将会导致真实的摧毁和阵亡。

在以上分析中，不同使用者看到的是界面结构的不同层面，做出的也是与这个层面相应的预期和行动。在一定阶段，"作为行动对象的数字艺术界面""再现行动环境的数字工具界面""制造现实行动的图像执行界面"三种视野对于这个界面的解释同时有效，相应于三种视野的行为和预期在这里也同时恰当。只有当安德确认外星种族真正灭绝，他才意识到星球爆炸的图像并非电脑生成而是实况转播，他的身份也早已由军校学员转换为战斗指挥官。此时，三种视野提供的解释范式都部分失去了有效性，如果只是"作为行动对象的数字艺术界面"或"再现行动环境的数字工具界面"，那么就不该有真实的星球爆炸，如果只是"制造现实行动的图像执行界面"，那么安德就不会做出引爆星球的决定。最终，三种对界面的认识分别展现的是同一个界面功能的不同层面。这个界面的完整结构则随着事态的演变逐渐展露，每个层面的完整意义也随着这个结构的揭示而逐渐丰富：曾经的游戏—审美行为，原来一开始就具有强烈的功利性，而本来的功利作战行动原来一上来就由游戏—审美的欲望推动。

近 20 年前，心理学家特克尔（Sherry Turkle）面对电脑桌面上功能不同的窗口写下：

> 作为情人从床上醒来，作为母亲烹饪早餐，作为律师开车上班，从此自我不需要在不同的时间地点才能扮演不同角色了。窗口的生活实践带给我们的是一个去中心化的自我，自我可以同时在窗口中的很多世界扮演很多角色。[1]

在特克尔看来，角色的同时共存是因为不同窗口在同一个桌面上同时共存。不难理解，作为数字界面的窗口在对不同工具和媒介界面的扮演中，与其互动的用户也扮演起了相应于该界面性质的角色。但我们认为，随着技术和艺术界面的深度融合，今天的数字界面能够同时包含"作为行动对象的数字艺术界面""再现行动环境的数字工具

---

[1] Sherry Turkle, *Life on the Screen: Identity in the Age of the Internet*, NY: Simons & Schuster, 1995, p. 14.

界面"和"制造现实行动的图像执行界面"等多个层面，因此，今天的我们不仅能够借助不同的窗口扮演不同的角色，也能在同一个窗口同时扮演不同的角色。对该角色的最终定义依据的不是界面一上来声称的性质，而是用户的使用心态和使用效果。但是，心态会在使用过程中变化，也很难从外部做出判断。效果有时会出乎意料，也很难确定此时的事态是否算得上最终的效果。一方面，数字界面和用户行为的性质本身就具有暧昧性；另一方面，能够澄清如此暧昧性的因素同时具有不确定性。暧昧和不确定相互作用，这就让我们更难对界面和用户行为的性质做出判断了。

那么，我们为何要做出判断？其实这并非源于认知上的要求，很大程度上是出于伦理上的考虑。因为在不同性质的界面中，人的行为规范和认知前提是不同的。例如，我们在游戏中会被允许烧杀抢掠，在小说中能不追究故事真假，可是在现实中，说谎和杀人都要承担相应的伦理和法律责任。那么当艺术界面和工具界面叠加在一起的时候，如何在这样的暧昧界面上确定自由的界限呢？

结论：暧昧性中的自由界限

在《安德的游戏》中，数字界面的混淆造成了种族屠杀和安德一生的悔恨。其实，对混淆的界面做出不同层面的区分和针对该层面的特定约束，早在康德那里就已经被严肃提上日程。在《判断力批判》的序言中，康德这样写道：

> 概念只要与对象发生关系，不论对于这些对象的知识是否可能，它们都拥有自己的领地……该领地中对我们来说可以认识的那

个部分，就是对于概念和为此所需要的认识能力的一个基地。在这个基地上有些概念在行使立法的那个部分，就是这些概念和它们所该有的那些认识能力的领地……我们全部认识能力有两个领地，即自然概念的领地和自由概念的领地；因为认识能力是通过这两者而先天地立法的。现在，哲学也据此而分为理论哲学和实践哲学。但哲学的领地建立于其上且哲学的立法施行于上的这个基地却永远只是一切可能经验的对象的总合。[1]

如果把康德的讨论翻译为本文的语言，是否可以说，虽然我们的认识活动和实践活动都只能在唯一的经验"界面"上展开，但不同活动揭示的是该界面的不同"层面"，不同层面作为不同"领地"需要的是不同的立法能力。不难看出，这里"领地"和立法者的确认依据的是认知或实践活动的性质本身。但根据前文论述，如果暧昧性恰恰就是数字界面及其用户行为的特征，那么，在无从判断性质的情况下，我们又要如何确立使用哪个领地的规则呢？

在两种极端情况下，一群人把数字界面当作与现实不同的另类空间，艺术和审美的自由如果在现实中常常受阻，那么就应该在数字界面上得到绝对保障，数字界面营造的虚拟世界就该是高举精神自由大旗的世界，但这样就取消了数字界面的工具属性，难免会留下致命的伦理盲区；另一群人则把数字界面当作实用工具，对传统工具的管制和约束都可以全盘移植上去，在他们看来，所谓的虚拟世界不过是现实利害关系的数字版再现，可这样就取消了数字界面的艺术纬度，扼杀了更深刻的创新能力和变革潜能。

---

[1]　[德]康德：《判断力批判》，邓晓芒译，人民出版社 2002 年版，第 8 页。

那么我们究竟应该对数字界面采取什么样的态度呢？笔者认为，问题的主体始终是界面的使用者，是使用者的认知和行为方式唤起了观照对象的不同层面性质。因此，温和的处理方式或许不是直接对界面性质下结论，也不是急于对用户行为做判断，而是体察行为和界面在事态发展中的共同演变，在体察中提出这样的问题：对于这个层面的如此使用，自由的界限在哪里？

第二节

数字滤镜：
视觉风格的算法化及其后果

滤镜，这个前数字时代诞生的摄影专业术语，终于在数字时代进入日常语言。它一方面与"有色眼镜"等老说法类似，隐喻一种风格化地观看和呈现世界的方式；另一方面又更具数字时代特征。的确，自社交应用 Instagram 将滤镜与移动图像社交结合并大获成功以来，滤镜几乎成了摄影摄像类应用软件的标配。比起光学滤镜，数字滤镜以更多的风格形态、更低的使用门槛、更显著的社交意义，更深地融入人们的日常影像乃至生活中，以至于今天诸如"偶像滤镜""情人滤镜"之类的表述几乎已经替代"情人眼里出西施""有色眼镜"之类的老说法，成为人们当下以某种风格化的方式观看和展现世界的隐喻。

技术词汇进入日常语言，只是该技术深刻影响日常生活的一个表征。比起语言，我们更关注的是深入大众日常生活的数字滤镜，究竟对于我们的文化意味着什么。为此，本书将把数字滤镜放到视觉风格的问题域中来考察。

何为风格？风格为何？风格缘何？风格，几乎是中西艺术理论尤其是视觉艺术理论的元问题。我们将在后文看到，数字滤镜虽是个新事物，但它以视觉风格的算法化为基础，以算法化的风格与视觉素材的合成为应用，以多元风格的低门槛套用为优势，因此这个新事物恰恰建立在视觉风格这一老问题在数字时代的发展之上。因而，"视觉风格的算法化"不失为我们从视觉传统的角度理解数字滤镜及其文化意义的切入点。下面，我们将以此为线索，首先对滤镜从光学时代到数字时代的发展做一个简短梳理，以回答媒介的变革给滤镜带来了哪些核心变化的问题。其次，我们将分别讨论艺术滤镜和美颜滤镜这两类当下最时尚的数字滤镜，重点分析它们已经和可能对我们的视觉文化，尤其是风格文化产生哪些可见或不可见的影响。最后，我们希望能把数字滤镜的讨论拓展到算法合成时代的审美范式这个更大的问题，在可以预见的未来，或许算法将借助数字滤镜、可穿戴设备、智能器官等内嵌在我们生活和身体中的工具，成为塑造我们感觉知觉范式的重要力量，而我们对数字滤镜的先期考察，只不过揭开了那个时代的冰山一角。

一、从光学滤镜到数字滤镜：生成滤镜的"元滤镜"及其日常应用

（一）从光学滤镜到数字滤镜

在大众印象里，摄影的首要功能就是忠实记录。但有时我们为了表达需要，偏偏希望纪实影像也能产生某种艺术效果。而光学滤镜可以在一定范围内改变影像的几何或光学属性，为本来可能平淡无奇的影像增加特殊的视觉风格。比如滤镜家族中备受欢迎的棕镜，就可以

为影像增加棕色调，从而产生一种视觉怀旧感。不难理解，各色滤镜[1]及其组合可以让镜头前唯一的景象呈现为风格多元的影像，为摄影提供了更广阔的艺术表达手段。那么，滤镜为何能改变影像的视觉风格呢？稍有光学常识的人就会知道，绝大部分滤镜的工作原理是改变光波成分的比例[2]，这种通过"滤波"改变媒介对象的做法，大大增加了对象的可变性，更是在一定时期构成了人类改变媒介对象的核心手段。对此马诺维奇在《新媒体的语言》中曾以电波为例这样写道：

> 所有 19、20 世纪的电子媒介技术都需借助各种滤波装置调节信号……现在看来，从物质对象到电子信号的这一变化，已在观念上为后来的数字媒介做好了铺垫。因为与物质媒介的恒定性比起来，我们可以用各种滤波装置即时改变信号状态。同时，比起手动改变一个实体物质，信号调节几乎可以一键完成……与物质对象相比，模拟信号的性质本身决定了该媒介更加善变，而这离新媒介的多变性仅一步之遥……当我们从模拟媒介发展到数字媒介，可变的范围

[1] 还有黑白摄影中常用的黄、红、橙、蓝、绿、黄绿镜，彩色摄影中常用的色彩渐变镜、特定色彩效果镜、色温调节镜，以及黑白和彩色摄影通用的灰镜、漫射镜、天光镜、去雾镜、偏振镜等。

[2] 滤镜工作原理主要有：1.改变光波中光谱成分比例；2.改变自然光和偏振光比例（如偏振镜）；3.对光线产生漫射、折射等作用（如星光镜、雾镜等）。其中1 类在滤镜家族中占比巨大，"滤镜"也由此得名。以色彩增强滤镜为例，如果一块滤镜的红光、绿光、蓝光透光率分别为 100%、75%、75%，一束光通过该滤镜后，蓝、绿光被滤去了 25%，红光相对比例提高，影像中的红色就显得更亮、更红。参见屠明非《摄影滤镜》(修订版)，浙江摄影出版社 2007 年版，第 7 页。

进一步增加。这首先因为数字媒介将硬件和软件分开，其次因为媒介成了可被软件修改的数据。一句话，媒介变得更"软"了。[1]

如何理解马诺维奇的这个判断呢？我们还是回到光波的滤波（光学滤镜）问题。光学滤镜虽能为影像带来多种风格，但可供它作用的光学性质毕竟有限，对光学性质的改变范围也毕竟有限。数字滤镜则能借各种图形算法，大大拓展视觉风格的可能。我们知道，绝大多数数字图像的本质是像素数据。让图像呈现各种状态，本质上就是对像素数据进行各种运算。理论上，运算方式无穷，图像可变为的状态也无穷。这让数字滤镜比起光学滤镜，在风格上呈现出远超后者的可能性。

为说明该问题，我们不妨以 Photoshop（简称 PS）为例。通过对图像亮度、对比度、饱和度、色相等数值的调节，PS 几乎可以模拟所有光学滤镜效果，但这仅是基础功能。如果我们打开 PS 的内嵌滤镜，不仅能看到水彩、木刻、油画、蜡笔等艺术风格滤镜——它们模拟的是各种绘画媒介风格（如果为图像加上该类滤镜，就具有了相对应的绘画风格特征），也能看到风、波浪、水纹、龟裂纹等自然风格滤镜——它们模拟的是各种自然视觉风格（比如，为图像加上波纹滤镜，就产生水中倒影风格，见图 2-2）。同时，数字滤镜在模拟已存在的风格之外，还能生成仅在数字媒介中可能的风格。比如当"波浪"滤镜算法的正弦函数生成器参数在特定范围时，合成图像就能模拟自然波浪风格，但当该参数调高到一定程度时，就不再是对自然的

---

[1] Lev Manovich, *The Language of New Media*, Cambridge: The MIT Press, 2002, pp. 127-128.

模拟，而呈现出一种算法构造的数字美学风格。[1] 可见，数字滤镜不仅能模拟已存在的所有视觉风格，也能生产尚未存在的视觉风格。换言之，数字滤镜本质上并非某一特定滤镜，而是一种能够生成滤镜的"元滤镜"，即一种风格生成器。这一结论无疑呼应着凯对作为媒介的计算机的最初定义。

也就是说，新媒介首先是一种可以模拟任何媒介的元媒介，因而建立在新媒介之上的数字滤镜在原理上才是可以模拟任何视觉风格的元滤镜。这里的视觉风格不仅包括光学规律作用下的摄影风格，还包括自然视觉风格、造型艺术风格以及只有借助数学构造才能生成的视觉风格。这首先意味着视觉风格的范围大大拓展，其次意味着更换风格的成本大大降低：换言之，在绘画中，换风格几乎意味着换作品；在摄影中，换风格可以靠换滤镜实现。那么在数字图形中，换风格不过意味着调用另一种图形算法——唯一需要的就是，发明符合各种需要的风格算法以便调用。

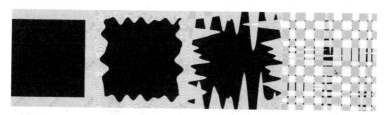

图2-2　原图（右）和加波纹滤镜的效果图
（从左到右，正弦生成器数值分别为5、50、100）

---

[1]　Cf. Lev Manovich, *Software Takes Command*, New York and London：Bloomsbury, 2013, pp. 136–137.

（二）数字滤镜的发展历程

正因如此，才有了各式专注于滤镜开发的摄影摄像类应用软件。我们不妨以滤镜视觉风格的拓展为线索，梳理其发展历程。

2007年，第一代苹果手机发布，摄影开始融入日常生活。2009年，第一代数字滤镜应用Hypstamatic（简称Hyp）上线，作为复古类数字滤镜的代表，通过在拍照前选择和组合各种镜头、胶卷和闪光灯算法，Hyp能为数字摄影带来各种胶片相机的影像风格（见图2-3）。不难看出，尽管依托数字技术，但Hyp在各个方面，无论其先选择器材后拍照的操作逻辑，镜头、胶卷、闪光灯共同作用下的风格生成逻辑，还是各种复古视觉风格本身——都模拟着有着百余年历史的胶片摄影。

第二代数字滤镜的代表性应用是2012年发布的Instagram（简称Ins）。Ins上线时只是个图像分享平台，后来受Hyp启发加入滤镜，滤镜也由此进入社交网络时代。在图像社交语境下，人们更希望照片获得好评和关注，提升了滤镜的使用需求，而滤镜与社交的结合，也助长了风格的流行化与时尚化。相比于Hyp，Ins滤镜已完全摆脱了

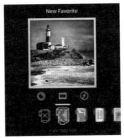

图2-3 Hypstamatic的复古滤镜由模拟实体器材效果的镜头、
胶卷和闪光灯算法共同构成

胶片时代的窠臼。在生成机制上，在 Hyp 中模拟复杂"器材"组合产生的视觉效果在 Ins 中由唯一的数字滤镜完成，大大简化了操作流程，而 Ins 先拍照后加滤镜的影像生成方式，比起 Hyp 先选滤镜后拍照的程序，更符合数字时代的内容生产逻辑。更重要的是，Ins 滤镜的风格涵盖范围已超出单纯的摄影器材和技术风格，而拓展到摄影师即人的个体风格。比如，早期最受欢迎的 Amaro、Hudson、Sutro、Spectra 等滤镜，模拟的就是艺术家莱斯（Cole Rise）的后期摄影风格。其中，Hudson 滤镜的独特纹理甚至来自莱斯的厨房黑板，但当这些极具个体性的视觉风格被算法编码，就成了可被"一键调用"的公共视觉风格，莱斯家的黑板纹理也就这样悄无声息地出现在所有使用 Hudson 滤镜的照片中，在全世界流传。[1]

第三代数字滤镜是艺术滤镜，其代表是 2016 年上线的 Prisma。所谓艺术滤镜，意味着算法可模拟的视觉风格已不限于摄影艺术，而扩展到了以美术为代表的视觉艺术，并且这里的美术风格已不仅是水彩、油画之类的宽泛的美术风格，而是更加具体的诸如印象主义等流派风格，甚至莫奈等大师画作风格。借助神经网络深度学习算法，各色艺术滤镜试图把人类艺术史中的各种风格遗产迁移到普通照片上，让照片在一定限度上呈现出绘画风格的特征，因而艺术滤镜也常被认为是数字时代的"造画"滤镜，已远超摄影风格的可能（见图 2-4）。

---

[1] Cf. Sarah Frier, *No Filter: The Inside Story of Instagram*, New York: Simon & Schuster, 2020, pp. 36-37.

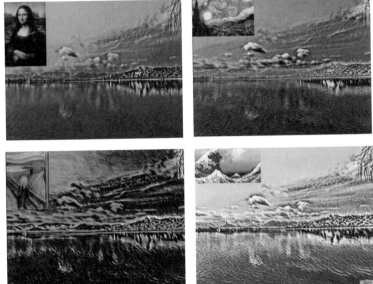

图2-4　原图和添艺术滤镜"蒙娜丽莎""星月夜""呐喊"
"神奈川冲浪里"滤镜的风格合成图

不难看出，数字滤镜的发展过程是其跳出光学滤镜框架逐渐发挥新媒介特性的过程，表现在风格上不断拓展——从模拟胶片风格到迁移绘画风格，扩张了算法化的风格边界；在使用上不断简化——从叠加多重效果到"一键生成"风格，降低了风格的套用门槛；在应用场景上不断丰富——从单纯的摄影工具到内嵌于社交应用的滤镜功能，挖掘了滤镜的社交内涵。正因其风格之丰富、使用之便捷、应用之广泛，数字滤镜才在今天成为深入我们生活的日常媒介软件。那么这对于我们的文化意味着什么呢？它让多样的人类视觉风格遗产走入今天的大众文化的同时，是否悄然改变了这些遗产本来以多样性著称的内核？它是如何在潜移默化中教会我们如何观看、如何呈现、什么样的呈现更受欢迎？最终它又如何借视觉风格与生物模式的结合，让某些流行的视觉风格成为塑造人乃至实在世界自身的力量？

二、视觉风格的数字模拟及其后果：以艺术滤镜为例

（一）视觉风格的数字模拟

什么是风格？风格从何而来？这是激发和贯穿贡布里希《艺术与错觉》的核心问题。有意味的是，在对该问题的回答中，贡布里希最欣赏的洞见竟来自一名业余爱好者：

> 对这个问题的本质，专业评论家谁也不如一个以绘画遣兴的著名业余艺术家看得更清楚。但是，那绝不是一个普通的业余爱好者，而是温斯顿·丘吉尔爵士："……我们首先专心致志地注视着作画的对象，转而注视着调色板，然后再注视着画布。画布所接受的信息往往是几秒钟以前从自然对象发出的。但是它在途中经过了一个邮局，它是用代码传递的。它已从光线转化为颜色。它传给画布的是一种密码，直到它跟画布上其他各种东西之间的关系完全得当时，

这种密码才能被译解，意义才能彰明，也才能反过来再从单纯的颜料翻译为光线。不过这时候的光线已不再是自然之光，而是艺术之光了。"[1]

丘吉尔将绘画风格理解为一种加诸自然景象的"密码"，正是这种关于风格的"跨界"隐喻，给了贡布里希该问题最有意义的启发。贡布里希甚至以抽绣为例，用网状组织的"满""空"诠释代码化的视觉风格（见图 2-5），而其他美术风格似乎只不过比空/满这种直接映射计算机底层逻辑（开/关，0/1）的密码更复杂而已。[2]

有趣的是，在丘吉尔以"加密自然"的方式理解艺术风格的同时代，图灵在密码学的理论和实践上发明并开启了人类计算机科学的"通用图灵机"。在作为该科学分支的计算机图形学中，为图像增加风格已不仅是在"隐喻义"上，更是在"字面义"上对像素矩阵进

图 2-5　抽绣图案，威尼斯，1568 年

---

[1] ［英］E. H. 贡布里希：《艺术与错觉——图画再现的心理学研究》，杨成凯、李本正、范景中译，广西美术出版社 2012 年版，第 33—34 页。

[2] ［英］E. H. 贡布里希：《艺术与错觉——图画再现的心理学研究》，杨成凯、李本正、范景中译，广西美术出版社 2012 年版，第 35 页。

行特定运算。必须强调的是，尽管此处表述的这种从"隐喻义"到"字面义"的转变看似轻巧，但这一转变背后，风格以及关乎风格的一系列问题已经发生了彻头彻尾的重构。如何理解这一判断呢？不难看出，丘吉尔的"加密自然"尽管使用的是技术隐喻，但强调的依旧是艺术家的内在艺术"变换"，这种变换与画家的具身体验、个体性情、创作状态、生活世界和文化习性密不可分，而所有的一切又都在一种不可分割的内在时间之流中发生。如果借用柏格森的术语"绵延"（durée）来指称这种不可分割的内在时间，我们就会发现，这种风格化的"绵延"恰恰与由笛卡儿坐标系时间轴所代表的那种外在的、可以无差别分割的时间观分属完全不同的两个思想史传统，但恰恰是这个去掉了"绵延"的后者，使得科学对风格的外在分析和数理描述成为可能，并进一步，让数字模拟和算法生成成为可能。[1]换言之，当"编码"从丘吉尔的"隐喻义"摇身一变成为计算机图形学的"字面义"，视觉风格本身及其连带的问题域也被重构了。如果前者是带着人类意向和动机的内在生成，那么后者则是基于数理分析和建模的外在模拟，即便两者或许在不久的将来能产生难以分辨的效果，它们在原理上也有着基于内在—生命时间和外在—科学时间这一根本差异的不同生成材料和生成机制。

尽管如此，必须看到，对风格的数理化描述并非科学家一厢情愿。比如，在中国书法领域，面对着传统书论经常让人不知所云的风格陈述方式（它们或是如"虞世南萧散洒落""智永圆劲秀拔"的简单陈述式，或是如"龙跳天门""虎卧凤阙"的比喻式），困惑于这种

---

[1] 参见［法］亨利·柏格森《时间与自由意志》，吴士栋译，商务印书馆2010年版，第85—89页。

体悟式、隐喻式的表述如何与现代学术表述体系对接，邱振中自 20 世纪 80 年代开始，曾经有过一系列数理化的风格分析尝试，包括为笔法风格分析建立基于经典物理学运动模型的描述方法，为章法分析设计基于几何和统计学模型的分析框架。[1] 这一前算法时代的视觉风格分析法，在今天看来尽管有失简单，但其数理化的风格表述方法在精神实质上无疑呼应着那时正在崛起的计算机图形学，并召唤着当下视觉风格的算法化实践。比如，今天在"笔迹身份识别"这一计算机图形学和模式识别[2] 的交叉领域中，计算机能将一个人的笔迹当作其身份标志来识别，就必须对他的书写风格进行算法化提炼。不难想象，如果把这里用作分析 / 学习样本的图像数据扩展到书法图像范围，那么理论上算法化的就是书法风格了。

（二）艺术滤镜的运用及后果

问题是，在计算机科学领域，在理论上可能是一回事，在应用上可行是另一回事。比如在本文涉及的视觉艺术风格的算法化问题上，由于在一段时间内，为了实现风格的算法化转化，人们需要首先对目标图像的风格进行人工分析，再为其建立数学或统计模型，每个程序

---

[1] 包括为笔法风格分析建立基于经典物理学运动理论的描述方法，为章法分析设计基于几何模型和统计学的分析框架，参见邱振中《方法论、元理论及其它——艺术研究方法论随想》，《新美术》1985 年第 3 期；邱振中《书法的形态与阐释》，中国人民大学出版社 2005 年版。

[2] 参见［希］西格尔斯·西奥多里蒂斯、［希］康斯坦提诺斯·库特龙巴斯《模式识别》，李晶皎等译，电子工业出版社 2016 年版。模式识别经常被应用到生物身份认证之上，生物风格包括笔迹、人脸、指纹、虹膜、步态笔迹等，由于每个人的几乎都不一样，常常充当着一个人身份标识。

只能解决一种风格的生成问题，耗时耗力的同时应用场景也不多，一直以来影响都不大。后来是因为深度学习技术逐渐成熟，风格分析的工作才逐渐交给计算机。尤其是自 2015 年开始，《艺术风格的神经算法》等一系列论文发表，它将在人脸、物品、笔迹识别等领域已十分成熟的模式学习方法迁移到图像领域，解决了艺术风格的深度学习和快速迁移问题，从此为风格建模的工作就可以交给机器学习了。[1]随之而来的则是风格迁移范围的大大拓展，效率的大大提高。这无疑为艺术滤镜的出现打下了理论基础。2016 年 6 月，风格迁移的首个大众级应用 Prisma 上线，Prisma 的艺术滤镜可以实现凡·高《星月夜》、蒙克《呐喊》等大师名作风格到普通摄影的迁移，在未经宣传的情况下迅速成为爆款，Prisma 更毫无疑问地入选了谷歌和苹果的2016 年度应用。

"让你的照片成为艺术品"，不难理解，这是 Prisma 之类的艺术滤镜走红的核心原因。当本雅明用"摄影作为艺术""艺术作为摄影"界定摄影和艺术的关系时，恐怕他很难想到，近一百年后，摄影和艺术还能以"摄影内容 + 艺术风格"这样的合成关系出现。如果在机械复制时代，摄影只是解决了图像内容的快速生成和大众化问题，那

---

[1]　其代表性论文包括 Gatys et al., "Texture Synthesis Using Convolutional Neural Networks" in C. Cortes, D.D. Lee eds., *NIPS' 15: Proceedings of the 28th International Conference on Neural Information Proce Systems*, Vol. 1, Cambridge: MIT Press, 2015, pp. 262-270，解决了图像纹理的深度学习问题; Gatys et al. "A Neural Algorithm of Artistic Style", *Journal of Vision*, Vol. 16, No. 12，解决了图像内容和风格的分离与合成问题; Justin et al., "Perceptual Losses for Real-Time Style Transfer and Super-Resolution", Computer Vision－ECCV 2016，解决了风格的快速迁移问题。

么在数字合成时代，算法则进一步解决了图像风格的快速迁移和大众化问题。在艺术的光晕进一步被稀释的同时，科技却带给我们更多的震惊。如果说曾经我们学习一种风格，意味着必须对其内在"绵延"产生某种程度的融合，因而我们需要对其进行日复一日的观察、摹写，需要了解它所属或对话的艺术传统、它所处或回应的时代氛围乃至创造它的画家的个体意图和个人气质，那么对于算法实现的风格迁移，这些似乎都不重要，唯一需要的就是输入提供风格的图像数据，等待机器去自主提取、学习。中西古今的视觉艺术风格就这样以去掉其内在绵延、抽离其文化语境、剥离其生长土壤的方式进入了数字合成时代的风格库，但也正因为它们失去了时空纵深感和生命血肉感，才有可能构成今天供人随时、随处调用的风格素材。不夸张地说，艺术滤镜不仅让艺术作品，也让隐藏着其造型密码的艺术风格，第一次以如此亲民的方式走入大众日常生活。中西古今那多元的、鲜入大众视野的艺术风格，似乎终于能够以数字时代的方式与大众的日常生活相遇。同时，大众那平庸的、鲜有艺术气质的照片，也貌似终于可以获得人类艺术遗产的加持，绽放出多元的"艺术之光"。

但一切就如表面上呈现的这样五光十色吗？成也萧何，败也萧何。为了说明其中问题，我们不妨回到风格迁移的实现思路，在其开山论文《艺术风格的神经算法》中，作者介绍道："该系统借助神经表征，可以对任意图像的内容与风格进行分离与合成，为艺术图像的创作提供了一种神经网络算法。"也就是说，为了迁移风格，风格必须与其原始内容分离，又需要与充当其新作内容的任意作品合成。但问题恰恰就出现在这里，如果我们把艺术品的风格当作一种柏格森式"绵延"的视觉沉淀，那么，风格、体现风格的内容、产生风格的内在时间，或者作品风格、作品内容和创作作品的人恰恰是无法分隔的。换言之，艺术品的风格和内容其实很难分开，很多风格如果被加在它并不适合的内容上，风格本身也会变味。比如以"隔江山水"著称的倪瓒山水画，其构图在充当其风格支撑点之同时，也充当着内容的组织原则，这样的风格其实很难与内容分离，更难成为可以被加诸任何内容的普世"滤镜"。不难想象，如果一幅摄影作品的内容构图本身并非"隔江山水"，那么仅对其颜色、笔触、造型细节进行倪式调整，是很难实现倪式山水风格的真正迁移的。归根结底，一种视觉风格往往有最适宜承载它的内容，并非如艺术滤镜展现的那样，可以按照超脱于时空的数据库逻辑，无差别地调用和生成。

比起迁移效果，更重要的是这个过程中所有视觉传统都将被一种传统中介，同时也被该传统改写。为什么这么说呢？必须看到，绝大部分艺术滤镜都将应用于摄影作品，而摄影无疑建立在透视法之上，透视法则建立在西方现代科学尤其是以几何学为代表的思辨理性和以物理学（在这里是光学）为代表的实验理性之上。虽然透视法一度是西方近现代视觉艺术特性的代名词，文艺复兴以来的一段时期也一度统治着西方的视觉艺术实践[1]。但一直以来，无论在西方艺术内部（比如中世纪圣像画、20世纪立体主义等），还是在其他文明中（比如古埃及壁画、中国山水画），始终且无处不存在着各种不同于甚或反叛透视法的传统。它们无法被透视法涵盖，也无法被它解释。正是这些传统，共同构成了人类视觉文化遗产的多样性。那么，当它们统统被"艺术滤镜"中介，并最终以艺术风格的形式迁移至建立在透视法之上的摄影内容上时，不难想象，多样的视觉艺术传统将如何成为

---

[1]　参见王哲然《透视法的起源》，商务印书馆 2019 年版；Erwin Panofsky, *Perspective as Symbolic Form*, New York: Zone Books, 1991。

这唯一的、统治着一切的透视法传统的修饰、变体和补充。

当不了解艺术史的大众相信他们已借数字时代的"黑科技",进行了涵盖中西古今各种风格的"造画"实践,当人类中的大多数开始以这样的方式接触和理解我们的艺术遗产,在此必须指出,或许在这个过程中,那些真正构成风格多样性的核心信息,很可能已经在"一键生成"之快感和貌似差异的外表下永远遗失了,取而代之的是以透视法为唯一视觉生成机制的风格母本及其各种变体。如果不同风格的艺术品蕴含着不同文明的观看之道,那么在"艺术滤镜"的"造画"运动中,这些预示着不同观看之道的风格,则无一幸免地成为"小孔成像"这一西方文明主导观看方式的附庸。或许,有人会说,无论如何,艺术滤镜让影像的风格更多元(见图2-6)。但笔者认为,我们不能只在摄影传统中,更需在摄影和美术的交汇点理解艺术滤镜的文化影响。毕竟,它是今天唯一能让人类造型艺术的整个风格体系与日常生活相遇的平台。在这里,人类所有的风格传统似乎都能获得一视同仁的学习和调用。但必须看到,这样的风格迁移方式其实建立在内容/风格的二分和以透视法为范式的观看之道上,而这种风格生成方式本身又建立在一种基于外在可分割时间的数理逻辑的模仿之上。如果熟悉西方思想史,就会知道内容/风格的二分法延续自西方质料/形式二分的传统,透视法建立在西方科学理性之上,而数理化的坐标成为衡量和表征万物的尺度更是源于笛卡儿坐标系所象征的思辨理性传统,它们无一不是西方理性作用下的思维方法、观看之道与表达方式。因而,被今天的艺术滤镜中介的风格虽是多元的,但这个中介本身却意味着西方理性传统在人类视觉文化遗产中的扩张,它带来的是风格在其深层视觉机制上的单一——尽管其很容易就被表面上的"百花齐放"粉饰。

图2-6 某艺术滤镜App的风格库中有12个大类、近500种视觉风格

然而，视觉风格完成算法化的表征还只是第一步，下一步则是借助算法化的生成成为我们这个时代传播视觉时尚、形塑观看范式的重要技术、传播和美学手段，下面我们就进入对这个问题的讨论。

三、视觉风格的时尚传播及其后果：以美颜滤镜为例

（一）高级感／低门槛：社交媒体时代的图像技术

某一视觉风格借助其同时代的视觉技术，获得较低门槛的传播和生产，类似的现象并非到了算法合成时代才有。比如，18世纪的英国十分流行以克劳德·洛兰的风景画为范例的"如画美"（picturesque）[1]，一种镶嵌在黑色金属薄片上的凸透镜由此被发明出来，呈现在镜中的影像往往很像克劳德的风景画风格，因而又被称作"克劳德镜"。克劳德镜因为经常被用来辅助画家或旅行中的淑女绅士在实在的自然风景中发现克劳德式的"如画美"，常常被当作艺术滤镜的前身。而"克劳德镜"在促进"如画美"之传播的同时，也促进了人们以"如画美"为范式，重新发现、理解和塑造英格兰真实的田园景观。[2] 一种视觉风格就这样，在其时代影像技术的助推下，在图像和实在世界同步展开着风格的开疆拓土。

---

[1] "如画"作为一种审美观，在17世纪的意大利和荷兰风景画创作中萌芽，在克劳德·洛兰的风景画中成为典范，它在18世纪被英国艺术家移植到本国风景描绘中，并最终在英国风景美学理论家的阐述下，演化为一种观看和描绘自然风景的"标准"方式，在英国风景艺术创作中居于主导地位。参见萧莎《西方文论关键词 如画》，《外国文学》2019年第5期。

[2] 参见［英］马尔科姆·安德鲁斯《寻找如画美：英国的风景美学与旅游，1760—1800》，张箭飞、韦照周译，译林出版社2014年版，第94—100页。

到了以机械复制著称的图像工业时代，某种理想视觉风格的"开疆拓土"因为有了广告和电视而更加摧枯拉朽。与此同时，专业视觉工作者制造的高级图像也一度让手拿"拍立得"的快照爱好者难以望其项背，这种"求之不得"的状态直到以媒介民主化著称的互联网时代才有所改善。各色"滤镜"将复杂的影像技术封装在程序模块的"一键生成"中，唯一需要大众了解的只是不同滤镜适用的拍摄对象（诸如食物、风景、人物、户外、室内）和风格效果（诸如清新、忧郁、怀旧）。据说只要掌握其中门道，找对滤镜—风格—对象的对应关系，业余选手也能拍出专业摄影师般的大片风格。如果我们还记得柯达公司的广告"你负责按钮，我负责其他"，那么半个多世纪之后这个曾不可一世的"其他"已远不能满足用户胃口。君不见今天未加滤镜的快照常被戏称为"裸图"，好像必须为它选个合适的"滤镜"，才符合今天的社交礼仪。

那么，是什么催生了当下人们对视觉美感的执念呢？这就不得不提到今天视觉文化与社交文化的结合了。不难理解，在以 Ins 为代表的一系列图像社交平台（见图 2-7），图像的形式感、高级感往往象征着博主的品位、身份乃至文化资本，它们对于社交活动的价值不言而喻，它们与博主的社交满足感密不可分。就在此时，数字滤镜出现了，它许诺："你负责选我，我负责高级。"这种"高级感"和"低门槛"的结合可谓正击大众图像社交的痛点。那些渴望展现视觉品位又缺乏专业技能的博主，终于可以依靠技术"外挂"为自己营造出一番高段位的幻觉了。此时我们再来回看上文提到的艺术滤镜，就不难理解 Prisma 为何必须配上 Ins 才能实现艺术滤镜的"破圈"，毕竟"艺术范"如果不能被"晒"出来，其意义就会大打折扣。如果承认，今天在人们眼中，艺术往往意味着品位，意味着支撑该品位的良好出身和学历，那么，能让平庸图像一键生成贴着大师名作标签的高级感，

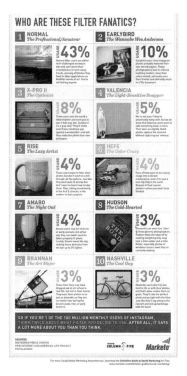

图 2-7　Ins 媒体中心的滤镜功能科普帖

这种工具何以不成为备受追捧的社交"神器"？就这样，艺术风格的算法化这一最初没什么应用场景而鲜为人知的"黑科技"，终于在图像社交时代人们对视觉高级感的追求中，找到了广阔的应用空间。

（二）人脸的景观化：美颜滤镜及其民主神话

或许讲到这里，我们不过叙述了另一个"技术让文化更民主"的故事。但如果联系上文所述的视觉深层机制的单一问题，就不难意识到，这种表面上的"民主化"的另一面很可能是难以觉察的隐患。为了更清楚地说明这个问题，我们不妨以生物视觉风格的算法化及其应用——美颜滤镜为例。当人造的视觉风格开始塑造相对"自然"的生物风格，我们将更直观地感受到，算法内在的单一视觉机制对文化多样性的冲击。

说起在美颜技术及其应用上，必须承认，在这个问题上中国绝对走在世界前列。[1] 比起 Ins 对图像高级感的培植，在滤镜发展战略上，中国的图像社交平台（抖音、快手、小红书、美图秀秀等）可谓更"接地气"，也更符合中国国情——毕竟，能使用摄影和艺术滤镜的用户至少得在视觉和形式感上有所追求。对于疯狂追求用户增长的图像社交平台，建立在"爱美之心，人皆有之"之上的美颜滤镜无疑是与其成为"国民图像社交工具"的野心更契合的发力点。

如果上述摄影滤镜改变的是图像的整体风格，那么美颜滤镜的开发者则更加明确：大部分用户对于图像的整体风格其实并不十分敏感，他们更加关心的只是其中一小部分视觉元素——人脸的"颜值"。因而美颜滤镜的功能不像摄影滤镜那样，让图像看起来更有美感，而是按照某种审美标准，让人脸照出来赏心悦目。尤其是在颜值通过经营可以转化为流量的情况下，流量通过变现能够换算成收入。正是这种掺杂着社交需要和经济诉求的对美丽的强烈渴望，构成了美颜滤镜的广阔市场空间。

简而言之，美颜滤镜的工作思路就是把一张被认为"美丽"的脸蛋的局部或整体风格在某种程度上合成到输入的人脸影像上。此处我们需要对"人脸风格"做一些说明，它并非我们常说的圆脸、国字脸等面相学意义的风格，而是一种生物身份认证意义上的人脸模式。比如，我们常说，"书，如也"，一种书写风格是一种视觉风格，同时也

---

[1] 参见新京报书评周刊专题《拍摄中国人：自拍时代的回望》，2019 年 5 月 11 日。

意味着一种生物信息。同样，我们通过认脸来识别人的身份，认的其实也是人脸的模式／风格，因为只有风格，才具有不随时空环境变化的恒定性，才具有身份的标识性。

无论是手动美颜还是 AI 美颜，美颜滤镜首先都要把人脸及其关键点（比如勾勒眼型、唇形的关键点）从图像中检测、分割出来，接着在此基础上依据一定算法对其进行不同程度的变换。[1] 如果上述滤镜还只是通过脸型、皮肤、眼睛等局部调整的叠加产生人脸风格的美化效果，那么 2019 年一篇名为《人脸美化：超越美妆变化》的论文，又提出了一种整体性的人脸风格迁移系统。它受到近年来风格迁移理论的启发，提出可以把参照脸（reference）的风格作为一个整体迁移到目标脸上。这样一来，如果在艺术滤镜领域可以出现诸如《星月夜》《呐喊》等具体作品的风格滤镜，那么在美颜滤镜领域，理论上，普通人同样可以拥有明星般的"颜值"，而美颜滤镜貌似终于可以在算法合成的时代，福泽更多平凡人了。

然而，这种貌似有助于提升全民自信的工具究竟对于我们意味着什么？最明显的效果是，人脸影像在变美的同时也变得越发趋同和僵硬。正如上文所言，风格是一种内在时间所产生的视觉沉淀，而这种活泼的"绵延"最典型代表就是生命本身，这也意味着，生物风格必定千人千面。那么，当"美颜滤镜"这种建立在外在分割和单一视觉生成机制上的视觉变换，修改了本应千人千面的生物风格时，我们的人脸影像如何不损失生物风格的独特信息？当活的人脸风格被"死"的算法宰割，我们的人脸影像又如何不损失活泼的生命"体征"，就

---

[1] 参见胡耀武、谭娟、李云夕《图像视频滤镜与人像美颜美妆算法详解》，电子工业出版社 2020 年版，第 412 页。

像被外在的时间坐标定住的"飞矢"那样？更重要的是，在这个过程中，一种关于"何为美丽，如何美丽"的理念也被悄无声息地写入了我们的观念。对于一般滤镜，这是皮肤白、面庞小、眼睛大等隐藏在"磨皮""瘦脸""大眼"等美颜步骤下的审美导向；对于 AI 滤镜，这是内嵌在其运算代码中的关于美丽脸蛋的数学建模；对于风格迁移，这是作为参照风格的数量有限的明星脸的整体模式。而这三者互动交融，共同塑造了一个时代的主流审美。不夸张地说，美颜滤镜在我们的日常生活中一次又一次发挥作用的过程，也是这些关于美丽的标准重复塑造日常经验和大众观念的过程。

最终，滤镜在提升人脸影像颜值的同时，也提升了大家对真实颜值的焦虑。本来，人脸风格的算法化只是一种以数理化的方式对人脸生物风格进行的"衍生性表征"（representation），而人脸的生物模式本身才是其原初的、基于内在时间沉淀的呈现（presentation）。但由于美颜滤镜这个理想化的表征太过强大，以至于本末倒置，衍生性的表征开始塑造原初呈现自身。由此，被美颜算法处理过的人脸似乎开始凝视真实的人脸，这种凝视足以构成一种目光机制，规训后者应该所是的样子。最终，美颜的欲望就这样"破壁"发展成真实的整容需要。[1] 只不过本节开头所述的"克劳德镜"的时代，被"如画美"的理想田园风格耕耘的是自然景观，而在"美颜滤镜"的时代，被"标致脸"的理想生物风格开垦的是人脸景观。虽然贯穿始终的是

---

[1] 美颜滤镜的诸多设计本就基于整容行业多年的探索和积累，而一些整形机构预演整容方案的计算机图形系统实质上就是专业版的"美颜滤镜"。美颜滤镜几乎变相充当了整容行业植入我们日常生活的广告，跨界推动了后者的繁荣发展。Cf. Susruthi Rajanala et al., "Selfies—Living in the Era of Filtered Photographs", *JAMA Facial Plastic Surgery*, Vol. 20, No. 6, pp. 443–444.

人类借助技术和人力对理想审美时尚的追求，但后者的发生因为数字滤镜这一日常化的算法之介入，不仅更加贴近我们的感觉、身体和生命，其波及范围也更广泛，作用方式也更微妙。它让我们不得不提出算法合成时代的观看范式问题。

结论：何为算法合成时代的观看范式？

造型艺术借助视觉风格的发明，创造着各种各样的观看方式，挑战着旧有的观看方式，探索着人类视觉经验的可能性与多样性。这个探索发现的传统到了算法合成时代就终结了吗？一方面，必须承认，在实验与先锋艺术领域，各种各样的数字艺术从未停止过这个方向上的探索，它们在开创着数字美学风格的同时，也以算法的方式更新着人类对"何为创造"的理解。另一方面，更重要的是，在其影响更为深远、广泛的大众应用领域，算法及其依托的认知前提、视觉机制、审美导向，也正借助数字滤镜这个深入我们日常生活的工具，将其默认或鼓励的观看方式悄然写入我们的日常审美文化。表面上，这个由算法加持的视觉文化呈现出一派平民化的繁花似锦景象，但必须看到，这背后隐藏的其实是观看方式和机制的单一，是文化多样性在结构上的匮乏。一句话，是繁荣外表下掩盖的荒凉贫瘠。

比起文化多样性的丧失，我们更关心的问题是，算法有可能构成未来人类知觉机制的一个组成部分，从而成为塑造我们感知方式的手段之一吗？至少在视觉文化领域的数字滤镜中，我们已经看到了这样的趋势。尽管它总是貌似提供给我们众多选择，但其实在社交文化、审美文化和大众需要的通力作用下，最终流行的只是被封装在"一键生成"模块或 AI 算法中的少数选项。它将一种文化的编码默默嵌入这些风格算法，又将这种算法嵌入我们的日常感觉机制中。它鼓励大众按照它所呈现的样子认识人类视觉风格遗产，它暗示我们应该和期待看到什么。然而更重要的是，风格即人，风格不仅意味着一种感知方式，也意味着一种生物模式，因而算法在塑造我们呈现对象的风格之同时，也能够塑造我们以何种视觉方式呈现、期待和塑造自己。就这样，现代治理术终于借助更隐秘的作用于我们感觉的算法机制，在这个貌似鼓励多元和个性的时代，实现了字面和隐喻双重意义上的"千人一面"。

根据马诺维奇在《AI 美学》中的判断，今天算法的应用领域已远远超出恩格尔巴特"增强人类智能"的最初设想，它与我们的感觉、审美、情感和生活走得越来越近，融得越来越深。[1] 或许在不久的将来，随着各种可穿戴设备和智能器官的发展，算法也将以其更隐秘和多变的方式嵌入我们的身体和感知（比如，谁说 AI 滤镜就不会被镶嵌进智能眼镜甚至人造虹膜？）。以这种方式，算法或许将成为未来人类眼耳鼻舌身意的组成部分，进入其色声香味触法的生成机制。它推荐我们应该感知的内容，也塑造我们如何感知的方式。最终，它或许也能在这个过程中，将深藏在其代码中的逻辑写入我们经验生成机制的底层逻辑，以一种数理化的计算机制悄然改写甚至置换基于内在时间的生命自身的知觉机制。

无论未来以"后人类"还是"超人类"的方式打开，我们都应在这个过程发生的每一步，打开技术的黑箱，对算法背后的认知前提、理论预设、文化传统，以及这一切与现代资本和治理术的合谋进行全面反思和清晰阐明。毕竟，每个时代的生活都需要"检验之后才值得活"，这不仅是人文科学的职责所在，也是数字时代媒介素养的基本要求。

---

[1]   Cf. Lev Manovich, *AI Aesthetics*, Moscow: Strelka Press, 2018, p.3.

第三节

MP3：
听觉物理的编码化及其后果

　　在整理东西时，笔者翻出一个索尼随身听，机器貌似还没坏，但已找不到能播的磁带。感慨大学时还经常带它绕着校园跑步，不过短短十几年，不仅随身听成了古董机，就连与它一起繁荣的唱片业也变成了"夕阳"产业。据说 20 世纪 70 年代末索尼刚推出随身听时，曾雇用年轻人滑着旱冰鞋带着随身听"招摇过市"，并且一定要放大音量，故做陶醉状以示众人。不得不承认，这个广告策略展示的青年市场定位，还是十分符合那个时代的个体使用经验的。20 世纪 90 年代末，笔者以学英语为名，从父母手里"骗"到了第一台随身听，却在大部分时间用它听流行音乐。但随身听之于我，完全不只娱乐消费那么简单。当大人们的絮叨让人无法忍受又不能制止时，它建筑了一道抵抗"外界入侵"的声音屏障；当"三点一线"的日子让人想要逃离又不能改变时，它提供了一个可以重构空间体验的"可变音轨"（好像为同样的视觉画面配上不同音轨，就能产生完全不同的效果一样）。换言之，这是一个能让个体以自己的方式控制私人声音环境，进而在一定程度上控制个体经验的神奇工具。

如今，随身听已成为过往。更确切地说，传统声音产业及其建构的经验形态都已成为过往。回想十年前开始冷落随身听，大概还是因为有了 MP3 播放器。当时的 MP3 以一种硬件设备的形态出现，以至于很多人都误以为它（就像随身听之于传统收音机）不过是一种更加时髦的小家电。但哪知，作为一种本质上既非硬件也非内容的音频压缩编码，MP3 竟能以数据格式这种毫不起眼的方式，激起曾以硬件为依托的声音产业的深层变革。几十年来，声音产品在大众文化中的流通和消费方式发生了根本变化，在现代日常生活中的使用场景也获得了大大拓展，其受众范围也已远远超出酷爱流行音乐的青少年，成为与国民日常生活诸多场景绑定在一起的"陪伴性"声音媒介。

从面向青年的表达性的声音，到面向全体国民的陪伴性的声音，十几年来，可移动的声音在日常生活中的意义发生了重大变化。但要理解这一切如何发生，除了需从声音的产业应用和社会意义着眼，更需要从使这一切可能的底层声音编码格式 MP3 入手。首先，我们将针对底层技术问题，讨论 MP3 这一音频编码格式的听觉心理学基础，看看这个貌似冰冷的数据格式如何被嵌入人类听觉模型，并借此实现数字音频的高保真压缩。其次，我们将集中产业和应用问题，讨论 MP3 作为一种"容器性"的技术，是如何助推今天的声音产业以一种完美的"陪伴性"姿态，去包容和满足各种声音应用场景的。最后，我们将扩展到与此相关的社会和商业意识形态问题：当这样一种数据流的"陪伴"被赋予太多的情感和亲密关系投射，这对于现代生活将意味着什么？

简言之，下文将讨论这样几个问题：MP3 如何编码声音，这种声音如何变革产业，又如何陪伴日常，而"陪伴"又如何被绑定以情感，而这一切对于我们又意味着什么。

一、编码听觉：嵌入格式的"耳朵"

1988 年，国际标准组织（ISO）成立了一个被称为 MPEG（Moving Picture Expert Groups）的小组，该小组的使命之一就是为正在兴起的数字音频产业制定数据压缩标准。参与标准制定的机构向 MPEG 提交了 14 份数据压缩提案，根据所依托的技术，它们被分为 4 组。经过漫长的测试和谈判，最终于 1992 年，作为产业利益的平衡结果，有两组编码进入正式标准。飞利浦、松下等支持的那组后来发展为 MPEG-Layer2，AT&T、弗劳恩霍夫（Fraunhofer，欧洲最大的应用科学研究机构）等支持的那组则发展为后来的 MPEG-Layer3。而后者，就是今天我们常说的音频格式 MP3。其实，Layer2 和 Layer3 相比，传输更少出错，编码也更简单，更省计算资源，同时它在卫星电视广播、VCD、DVD 等传统声音产业有着广泛应用，早期比 Layer3 更能体现优势。但 Layer3 的压缩效率却大大高于 Layer2，意味着同样大小的文件，Layer3 压缩出的音频比 Layer2 的音质更高。同理，同样音质的音频，Layer3 比 Layer2 压缩出的文件更小。这意味着，MP3 更适合低比特率条件下的音频编码（20 世纪 90 年代流行的 ISDN 线上网速度是 128k/s，MP3 的比特率也被设定为 128k/s），可将 CD 音质的数字音频压缩到原大小的 1/11，而不至于产生太大失真。虽然，MPEG 在制定音频压缩标准时，很难想到未来的数据传输方式会逐渐脱离硬件，但随着互联网的兴起和普及，MP3 确实以其更能适配网络传输的"轻量"优势脱颖而出，成为迄今最成功的音频编码格式之一。今天哪怕已经有了 4G、5G 宽带网络，诞生于电话线上网时代的 MP3 依旧占据着音频数据格式的垄断地位。[1]

那么，MP3 为何能实现音频数据的高保真压缩？换言之，为什么音频明明被压缩了，大部分人却很难听出？为了弄清该问题，还需从听觉心理学的原理说起。听觉心理学建立在这样的预设上：声音的物理刺激不能等同于人类的听觉感知。比如，同样分贝的中频和低频音，前者听起来会感觉更响。为了研究物理刺激和听觉感知间的关系，各种听觉模型被建立起来。而这些模型的一个重要应用领域，就是听觉科技。比如，20 世纪 20 年代，美国电话行业巨头 AT&T 旗下的贝尔实验室提出，人耳对声音的敏感性只限于一定频率，语音的频段更只是上述可听波段中的一小段。因此，如果只在电话线中传输这一小段上的必要信息，把其余对于语音理解意义不大的"冗余"波段过滤掉，就可以在不影响语音的情况下大大压缩信号传输量。AT&T 果断采用贝尔实验室的建议，在不增加基建投入的情况下，通过压缩信号就提升了 4 倍通信服务能力。不难看出，这一做法的核心就是让所传输的声音信息去适配特定场景下的听觉需求和听觉能力，利用好人类的知觉局限，就能大大减少信号体积。而这一思路后来也成为20 世纪信息工程的普遍策略。

与此同时，信息论和控制论助推了人们以"信息处理"的方式理解生物机能，在观念上铺平了信息代码和肉身感觉间的鸿沟。知觉编码（perceptual coding）——一个试图将人类知觉机制嵌入媒介编码的领域由此产生。MP3 就在上述信息工程和知觉编码的交汇点诞生。换言之，它的压缩代码中内嵌了一个人类听觉模型，从而能够充分利

---

[1] Cf. Jonathan Stern, *MP3: The Meaning of a Format*, Durham and London: Duke University Press, 2012.

用人类的听觉特征，实现音频数据的高效保真压缩。而其最大的特色就是对掩蔽（masking）的利用。原来，人类听觉存在着一种掩蔽现象。比如，两个声音同时出现，频率又比较接近，声音较大的就会掩盖较小的，后者就好像位于听觉"盲区"一样。[1] 随着声音治理技术的发展，掩蔽发展成一种噪声治理手段。人们发现，其实不必彻底消灭噪声，只需把它"发配"到一个合适频段，让那个频段上的信息本身盖住它就行了。MP3 就利用了上述掩蔽现象，把因压缩出现的失真和噪声分配到音频编码的特定位置，用该位置上的信息掩盖噪声。从而在效果上实现所谓的"保真"压缩。[2] 不难看出，MP3 在编码音频的同时，也将它理解的人类听觉一并嵌入了其代码中。针对这一特定听觉模型，如果某些信息不必要，那就不必保留，如果某些噪声听不到，那也不必消灭。这也意味着，当 MP3 在处理声音时，其实预设了一个它想象中的"耳朵"，而这个耳朵又是建立在某种听觉模型的预设、噪声治理的观念、工程效率的诉求之上。因而，MP3 绝非纯粹技术性的音频格式——作为一种人类感觉经验的特定编码，其运行自始至终带着特定理念和诉求。

那么，这些预设、观念和诉求是否会借 MP3 这一垄断性的音频编码格式，反过来塑造真实的人类听觉？听着 MP3 成长的一代人，和在音乐会、HIFI、CD 的声音甚或大自然的声音中成长的一代人相比，是否有着更标准化、自动化和低敏感的听觉能力？这些问题十分值得探讨，但并非本文最终关切。因为我们认为 MP3 对听觉的编码，只是它进一步编码日常生活的基础。下面将顺着 MP3 "让技术适配

[1] 参见高湘萍《知觉心理学》，人民教育出版社 2011 年版，第 286—287 页。
[2] 参见汪勇、熊前兴《MP3 文件格式解析》，《计算机应用与软件》2004 年第 12 期。

人类需求"的思路继续往下推进，看看它究竟以一种什么样的姿态，出现在国民日常生活中。

二、变革行业：越来越"轻"的产业

2020 年 6 月，在知名艺人王一博为国内音频平台喜马拉雅做的品牌形象广告《爱就是陪伴》中，无论用户是"想看日出的第一缕光""想躲开城市的喧闹""想整个下午放空晒太阳""想在深夜一起听故事""想把自己藏起来谁也找不到"，还是"想去流浪就算走到世界的边界也不回头"，作为该平台声音人格化身的王一博，都会用充满磁性的嗓音深情脉脉地回答："我陪你。"该广告的修辞性隐喻的确命中了当下音频流媒体的核心吸引力。如果说曾经宗教仪式和音乐会中的声音需要我们正襟危坐、聚精会神倾听，广播和唱片产业的声音需要我们买设备、买唱片、花费精力财力去消费，那么今天流媒体中的声音，确实对用户不再有那么高要求，它在各种意义上将资源占用量降到最低，从而以一种近乎完美的"陪伴性"姿态，出现在国民日常生活中。那么，这种"陪伴性"姿态究竟如何可能，还要从 MP3 为 20 世纪声音产业带来的变革说起。

必须承认，比起今天音频产业渗透在大众日常生活中的声音，我们很少注意大多数声音的格式 MP3。这是因为 MP3 作为一种以压缩能力著称的编码标准，其发明初衷就是为了少占资源，少被关注；它比其他数据格式所需空间更小，当播放它时，我们注意的不是 MP3，而是声音。因而有人也将 MP3 看作"容器性技术"的代表，正如海德格尔对罐子的论述：罐子内部的空和无，成就了作为容器的罐子。[1]MP3 的价值就在于承载和容纳过往和现在的声音，而作为声音编码 "容器" 的它自己，则越是以非侵入的方式存在，越能给它承载的声音以展现空间。换言之，MP3 以低存在感的方式存在着，是为了更有助于其被承载者获得存在感。正是以这种以自身之空包容万物的特性，MP3 改变了 20 世纪的声音产业。[2]

MP3 为现代声音产业带来了巨大变革，尤其将其 "少占资源，摆正位置" 的气质带给了整个行业。梳理这一变化历程，有三个方面值得注意。

首先是在设备上经历了去物质化。理论上，播放 MP3 本就不需专门硬件设备。最早还是其版权所有方的弗劳恩霍夫为了推销 MPEG-Layer3 标准，在 1993 年制作了第一批方便客户 "试听" 效果的硬件播放器。尽管之后，作为小家电的 MP3 曾在世纪之交以其身材小、容量多风靡一时，但最终证明，这不过是声音播放设备从硬件走向软件的过渡形态。1995 年，市面上推出了最早的 MP3 软件播放器 WinPlay3；1996 年，Windows Media Player 的前身 Netshow 开始能播 MP3；3 年后苹果的 QuickTime 开始兼容 MP3。2007 年，苹果更是以 "自我淘汰" 的远见，推出了几乎可以替代自家明星移动播放器 iPod 的智能手机 iPhone。就这样，在作为硬件的 MP3 还风靡之时，各种软件播放器就已为其没落埋下了伏笔。

其次是在声音上经历了去物质化。唱片行业作为 20 世纪声音产业的代表，严重依赖于物质。无论是胶片、磁带还是光碟，本质上非

---

[1] Cf. Martin Heidegger, *The Thing*, in *Poetry*, *Language*, *Thought*, trans. Hofstadter, New York：Harper & Row, 1971, pp. 161–184

[2] Zoë Sofia, "Container Technologies" *Hypatia*, Vol.15, No. 2, 2000, pp. 181–219.

物质的音乐，总要依托物质载体才能存在。因而产业只要把握好物质流通环节，就可以控制音乐的发布和销售。这个情况到了21世纪遭遇了MP3的搅局。先是1995年，在"开源精神"的助推下，一个澳大利亚黑客破解了弗劳恩霍夫的MP3官方编码器，他将新编码器命名为"感恩弗劳恩霍夫"（Thank You Fraunhofer），供人免费下载。从此，懂点技术的人就可以免费将音频文件压缩为MP3格式了。与此同时，点对点（Peer to Peer）传输技术助推了民间共享文化的发展，MP3则在音乐共享中扮演了重要角色。比如，1999年数字音乐共享社区Napster创立，在宽带还十分稀缺的年代，有着高品质高效率压缩优势的MP3无疑成了该社区在传输音乐时的首选格式。近5000万音乐爱好者绕过传统唱片业，以分布式储存和交换的方式，共享着以MP3编码的海量音乐。尽管这一行为遭到了美国唱片业协会的反击，包括起诉MP3共享网站、MP3播放器厂商、MP3文件分享者，推动议会出台"点对点盗版防护法案"等法案，但最终却无法阻挡，音乐在数字时代以脱离物质载体的音频数据方式存在和流通。[1]

最后是促进了流媒体音频行业的兴起。经过了MP3和Napster的震荡，合法的在线音频产业终于开始形成。最早产生的是iPod/iPhone+iTunes代表的"单曲付费下载"模式。但后来网速大大提升，同时免费商业模式走向成熟，成为主流的则是建立在"在线免费收听"模式上的音频流媒体。如国内的QQ音乐和网易云音乐、国外的Sportify，几乎所有国内外音频巨头当下都是这样的模式。"在线

---

[1] 参见芮明杰、巫景飞、何大军《MP3技术与美国音乐产业演化》，《中国工业经济》2005年第2期。

免费收听"对于用户有两个便利。一是消费门槛较低，二是不需要下载，因而可以把庞大音频库"带"在身边，随时搜索、随时调用。相比需要不断花费财力精力购买，还要找地方归置整理却不能随时享用的传统唱片收藏，这无疑极大降低了声音的消费门槛和灵活度。

总结上文，不难看出，无论是硬件和内容的去物质化，还是消费门槛更低、调用更及时，所有变革背后，都站着 MP3 的身影。它们综合起来产生了这样一个效果：从整个产业的角度来看，"听"这件事，在各个意义上都变得更轻、更小、更灵活。正是这一"少占资源，摆正位置"的姿态，为声音产业对国民日常生活的渗透奠定了基础。有趣的是，尽管此时网速已大幅提升，同时也早已出现了压缩品质和效率比 MP3 都更高的音频标准（比如 .acc 和 .aac），但比特率为 128k/s 的 MP3 依旧是当下音频数据流的主流格式。这一方面说明了作为一种垄断性的标准，MP3 已形塑了人们的感知、认知和行为习惯。无论是更小的格式，还是更高的音质，如果不能给原先的使用体验带来难以抗拒的改善，那么人们就更愿意延续旧习。另一方面，我们也不得不反思，今天，人们究竟在什么样的条件下使用流媒体音频。换言之，"听"究竟以一种怎样的方式，被镶嵌在大众日常生活中？

三、包裹生活：陪伴日常的声音

理解广告中所说的"我陪你"，除了产业的变革，另一半故事涉及声音在我们日常生活中的使用场景。阿多诺没有活到今日，不然按他"黄金耳朵"的精英主义的听觉标准，在唱片时代就已批评大众"听觉退化"和"心神涣散"的他，肯定要为今天声音被大众的消费方式哀叹了。

今天大多数声音都是陪伴性的，它似乎可以包裹日常生活的各种场景。它是阻挡噪声的声音屏障，是调节情绪的背景音乐；它提供着节奏，与运动健身者的身体同步；它播放着段子，为无聊的家务劳动者解闷。它可以是亚文化小众音乐，为青少年建构声音"乌托邦"；也可以是有声书和付费知识，让上班族利用通勤时间学习。它是孤独者的安慰、焦虑者的安定，是失眠者的助眠神器、旅途者的解闷工具。[1] 它的小巧足以塞入奇形怪状的生活缝隙，它的曲库足以满足各种各样的日常需求。它总是位于工作、学习和生活的背景，位于认知、情绪和行为的后台。虽然今天日常生活中的大众，很少像音响发烧友和音乐爱好者那样专心致志地听了，但正是以这样不占资源的"低调"和后台运行的"低耗"，数字时代的声音才真正构成了现代人日常生活的"陪伴"。或许按照阿多诺的标准，这样的"听"丝毫没有美学价值可言，但今天声音在大众日常生活中的使用价值，恰恰就建立在"听"的散漫性和非集中性上。人们在"听"的同时，总在做其他事，而非一心一意，才能去"听"。

由此不难发现，尽管上述变"轻"的趋势同样在视觉流媒体中发生着，其中也有不少以国民使用时间上的优异成绩自居"陪伴"（比如，2020 年日均用户使用时长已达 110 分钟的短视频）。但在"陪伴"的问题上，听觉媒介其实更加名副其实。因为，它能够以"低耗"的后台模式"伴随"生活，而非高调的前台模式"霸占"生活（就像以"杀"时间著称的短视频那样）。首先，这源于听觉本身的特征。或许因为人类的视觉中枢系统比任何感觉都更占大脑皮层，视觉

---

[1]　Cf. Michael Bull, *Sounding Out the City*, Oxford and NY: Berg, 2000.

需要调动的神经资源比任何感官都要多，因而比起"听"，"看"本身就是件更累的事。婴儿在学会看之前就已开始听，而我们至少睁开眼睛才能看，但即便睡觉也能听。因而，对于以过劳和失眠同时并存为常态的现代人，闭上眼睛就能"听"的媒介，无疑是比睁大眼睛才能"看"的媒介，更加贴心的陪伴形式。

其次，这源于听觉在现代社会中的边缘处境。或许对于生活在自然环境中的原始人，眼前的危险需要"看"来觉察，身后的危险需要"听"来感知，"看"和"听"同样重要。但在大多数时间不需担心身后危险的现代城市空间，人类的生活则是极度依赖视觉的。我们无法想象，如果不看路，如何穿行城市；如果闭上眼，如何从事劳作。但这些事如果堵上耳朵却依旧可以顺利完成。视觉文化在形塑现代社会的同时，也无时不征用着现代人的视觉资源。这也意味着，当"看"被过多倚重而绑定在"正事"上时，"听"很多时候是相对闲置而自由的。于是当我们用"看"来从事主业时，就可以用"听"来干点副业。同理，我们不能边开车边看书，却可以听书，我们刷视频会误车，听音频却很少会，就是因为前者会争夺我们过载的"看"，而后者只是利用闲置的"听"。正是在以上双重意义上，我们认为，音频流媒体才是这个时代名副其实的"陪伴"性媒介。

此时如果再来反观为何明明有更高音质的编码格式可供享用，低比特率的 MP3 还是人们日常生活的首选，就会理解，除了上述习惯上的原因，更重要的是对于处于"陪伴"地位的声音，MP3 的音质其实足以胜任。当我们总是在边"听"边做其他事情，注意力就不足以察觉细节上的瑕疵；当我们把主要精力放在位于前台的行为，后台上的细节问题也会变得无足轻重。看来，尽管人类总在追求更高、更快、更强，在"摩尔定律"主导的信息产业尤为如此，但一身皮囊、一副五官却享用不了超出我们能力和需求范围的信息。对于 MP3 的编码设计，让音频数据去适配听觉能力，曾是让它成功压缩出高保真音频的基本理念。同理，对于 MP3 的实际应用，让音质效果去匹配听觉场景，依旧是它能够以有缺陷的方式满足人们听觉需求的重要原因。换言之，它利用了我们的"心不在焉"，就像他当初利用了人类的"听觉缺陷"。

总结上文，从把声音变得更"小"的压缩编码 MP3，到把产业变得更"轻"的技术革新 MP3，再到以更"低耗"的方式陪伴生活左右的日常媒介 MP3，这里一以贯之的是：让声音去适配人类的能力和需求。从承载声音到陪伴生活，作为"容器性技术" MP3 最终发展成作为"容器性媒介"的 MP3，它以自身在各种意义上的"非侵入性"，包裹着大众日常生活中的各种需求和情绪。但一切就如其表面上看起来的那样，闪耀着母性般包容的光辉吗？当我们学习必放背景音乐，跑步必伴节拍鼓劲，入睡必有声音催眠，而关掉声音，就怅然若失时，它也开始向我们索要更多。

四、绑定认同：亲密关系的代偿？

索要的是什么？说清该问题，还得回到广告《爱就是陪伴》。据说在成人世界里，"我在呢"是比"我爱你"更动人的情话。位于后台的永远在场，是比霸占身心的轰轰烈烈更舒服的亲密关系。

今天的声音产业也开始意识到，应将声音和用户的关系建立在情感这一更亲密、深刻、有意义的连接之上。换言之，陪伴不仅是一种时空意义上"在场"，更应该被建构为一种认同和情感意义上的连接。

那么声音如何与认同/情感绑定在一起？对此，阿多诺曾提出：

毋宁说音乐的历史起源在音乐脱离了任何一种集体活动之后很久，那种历史起源的痕迹仍然显而易见。复调音乐说的是"我们"，甚至当它仅仅存在于作曲家的想象之中，与任何在世的人都没有关系时，也是这样。[1]

换言之，音乐在其先验结构中就预设了一个来自远古集体无意识的"我们"。正是这个"我们"，让倾听者即使孤身一人，也能感到那种源于先验性的陪伴。因而只要声音响起，就会有一种奇妙的"我们"开始诉说。如果这一来自德国思辨理性传统的论述会让人感到玄之又玄，那么就让我们同时从经验层面，理解声音与主体认同的建构方式。

上文提到，在感官资源占用的意义上，声音比画面更不霸道。但其实声音同样有其霸道之处。声音向四面八方扩散，光线却能朝一个方向传播；声音比光线更易穿过障碍，挡光比隔音要容易得多。与此同时，耳朵又是随时张开的，在选择感知什么的主动性上，远远低于眼睛。因而当声音足够大时，我们是很难不去听和听不到的。同时，在传播上，声音远比光线更具侵入性。因而当我们置身他者营造的环境，有时就难免恼人噪声的干扰。此时，那个随身携带的、可控的私人声音环境，就成了一座主体可以"缩"入其中的围城。换言之，即便世界让人无可奈何，至少还能"住"在自己定义的声音地盘。当声音皆着我之色彩，这个声音也就成了"我"的声音、"我"的延伸。

---

[1] ［德］泰奥尔多·W. 阿多诺：《新音乐的哲学》，曹俊峰译，中央编译出版社 2017 年版，第 129 页。

声音与情感／认同的关联，还体现在声音可以唤起情绪性的记忆以及与此相关的情感。流行音乐在这一点上堪称典型。以网易云音乐为例，其之所以有"网抑云"之戏称，就因为该平台的音乐评论区有着大量情感性的文字。夜深人静时最易孤独，也是人类情感活跃的高峰。"我有故事，你有 BGM（背景音乐）吗？"一首老歌响起，其效果就如《追忆似水年华》中的马德莱娜，与之相关的记忆也随之涌现，就好像过去的人和事又在声音中回到身边。其实，"听觉记忆"的概念并不新鲜，网易云音乐的独特之处就在于为这种本来十分个体化的体验赋予了更突出的社交维度。人们在音乐下分享着各种有关考研、失恋、抗癌的故事，留下了无数关于爱情、亲情、友情的点滴。而来自天南海北的倾诉，也引发着来自五湖四海的共情。时空错位却恰到好处的回复，给人带来一种"有人懂我""我不孤独"的幻觉，也以共鸣的方式，强化着声音和情感的连接，塑造着一种以声为媒的"我们"感。

网易云音乐更新了人们对"听"的认知。如果曾经听觉消费往往被认为十分私人，这些自发涌现的评论则让产业看到了音频社交的可能。从此，营造声音社区就成了各大平台的发力点，"一起听""全民朗诵""全民 K 歌""音频直播"等各种社交应用竞相上线，试图进一步孕育各种"以声为媒"的情感连接。本以内容为主的行业，为什么要跨界去做"社交"？原来我国音频用户一直都没太形成付费收听习惯，外加版权费用昂贵，整个行业面临巨大财报压力。音频社交则能制造一系列需求，引导用户购买会员、充值打赏。我国流媒体音频领域唯一盈利情况较好的 QQ 音乐，就是这方面的代表。而事实证明，其大部分收入也确实都来自娱乐社交。于是，音频产业纷纷抓住"社交"这根救命稻草，以各种手段催化、建构、暗示声音与认同／

情感的连接。

上文梳理了几种声音和主体建立认同的方式。无论这种认同是无意形成还是有意经营的，是直接与声音建立的，还是间接借声音发生的，当声音成功陪伴日常，它也逐渐开始被绑定以情感。必须承认，在这个层面，我们确实已很难见到 MP3 的身影了，但它却是支撑着情感"绑定"的不可见的"基础设施"。是 MP3，以适配人类需求为中心，让声音变得更"小"，产业变得更"轻"、对生活的渗入度更"高"，最终让情感得以从这样的"陪伴"中被生产出来。或许有人会觉得，孤独时有伴，即便只是声音，也总归聊胜于无。但这里笔者更想提出的是，如果我们越来越习惯在声音的陪伴中获得代偿性满足，这种代偿是否会逐渐替代真实的陪伴？换言之，当人们怀着对外部环境的疏离，躲入声音建构的地盘，当大家宁愿放弃面对面的交往，钻入听觉缔结的互动，当人之社会性所期待的那种频繁、深刻、有意义的连接，越发被耳朵和耳机的连接代偿，一句话，当听觉陪伴被赋予太多期待和情感投射，是否会让我们错过那些真正获得社会连接和支持的机会？正如特克尔所言，我们因为对人性期待得太少，所以对科技期待得太多，但我们越是对科技期待太多，彼此反而越是不能更亲密——一种"群体性孤独"正逐渐成为我们这个时代的社会心理。[1]

---

[1] 参见［美］雪莉·特克尔《群体性孤独：为什么我们对科技期待更多，对彼此却不能更亲密？》，周逢、刘菁荆译，浙江人民出版社 2014 年版。

结论：绑在线上的耳朵？

上述被"绑在线上"的现象，并非仅在耳朵和听觉领域发生。它是一种涉及人类整体生活方式的现象，一种数字时代人类正在经历或即将面临的处境。只不过对此，我们以前关注较多的是被"绑在线上的眼睛"。在视觉范式里，听觉即便存在，大部分时候也是视觉的附庸。但其实听觉本就有其特性，在陪伴性和情感属性上，也比视觉更有优势。因而在关注眼睛的同时，我们也应考察这个"被绑在线上的耳朵"。本节以 MP3 这一音频数据编码标准入手，就是为了从一种底层技术的角度，自下而上，从技术、产业、生活到意义，层层梳理出这个现象在当下的发生路径和形成机制。我们也必须承认，或许 MP3 的繁荣本就不乏偶然性，MP3 有一天退场也是历史必然。但它曾承担的功能和与此相应的人之需求，是大概率会存在下去，并以新的方式获得发展和超越的。

其实，早于视觉很久，听觉就被绑在了线上。1929 年，两位科学家将一只活猫的听觉神经接入了电话线，然后开始在猫耳边制造声音。结果，猫的耳蜗将声波转化为神经冲动所需的电流，经由听觉神经接入了电话线，又在电话线的另一头转化为声波，而被人听到。[1] 没错，这是一台字面意义上的"猫电话"。这个由生物和电路构成的装置，也是在维纳（Norbert Wiener）正式提出控制论 20 年之前，就已真实存在着的"赛博格"原型。它将一种生物的"耳朵"直接嵌

---

[1] Cf. E. G.Wever, C .W. Bray, "The Nature of Acoustic Response : The Relation Between Sound Frequency and Fregueney of Impulse in the Anditory Nweve", *Journal of Experimental Psychology*, Vol. 13, No. 5, 1930, pp. 373 - 387.

入了基础设施，在控制论的意义上，彻底打破了生物和机器的边界。而那只被接入电线的可怜的猫，也在不经意间，成了我们这个由控制论和信息论塑造的时代人之处境的预言和隐喻。今天，人的耳朵难道不像实验室里的那只猫一样，被绑在各种各样的耳机线、电话线、网线、无线信号上吗？而今天的数字听觉产业力图做到的难道不也是让它制造的声音和这张耳朵的多样需求，在各种意义上适配、吻合、无缝衔接吗？

最后，我们不妨以电影《她》引出结尾。影片中，陷入婚姻危机的作家西奥多，换了一套智能操作系统。这个系统配备一名 AI 语音助手，尽管仅以女性声音形态存在，却足以让感情上筋疲力尽的西奥多与"她"——这个有着女性人格的声音——深陷爱河。原来，"她"连接着操作系统上的各种应用，满足着西奥多不同场景下的不同需求，不仅呼之即来、挥之即去，还性感丰满、善解人意（尽管只是在西奥多的想象中），默默以后台运行的方式陪伴着西奥多。正当西奥多要为"她"与前妻离婚时，却突然发现，周围很多人其实都像自己一样，时时刻刻戴着耳机，沉浸在里面的那个声音中，沉浸在这个声音为他们量身订制的陪伴、理解和爱的幻觉中。西奥多才知道，原来"她"与很多人都在恋爱，"她"以一种巨大的女性魅力绑定了这些人的耳朵，包容着他们的情感，满足着他们的欲望，同时也吞噬着他们本有的社交和亲密关系形态，以至于大家明明身处同一时空，却又生活在彼此的"平行时空"。在声音、技术、情感的互动中，在包容、满足、绑定和束缚的关系中，《她》为本节的主题提供了最生动的诠释。影片结尾，西奥多选择离开"她"，离开这个被赋予了女性人格的完美声音，这个与其生活、情感和人格弧度都无缝衔接、完美匹配的声音，而重新将期待留给或许并不那么完美的人与人的亲密关系。

但很多人究竟会做哪种选择，或许依旧尚未可知。那你呢？

第三章

社交和生活

微信朋友圈照片：
社交生活的景观化及其后果

今天我们似乎比任何时代都爱拍照，一个重要原因就是微信朋友圈的诱惑。其实朋友圈可发的媒介类型有很多，但从其默认设置和实际效果来看，这个空间都十分偏爱照片。如果说曾经文字毫无疑问是人际交流的主要媒介，那么在微信朋友圈中，它却往往要与照片同台登场，又常常扮演着照片的注释、补充和评论。恐怕在人类日常交流史中，照片是首次以这样的规模占据着一个如此显著的位置，因而笔者认为，很有必要对这样一个国民社交工具中的照片文化进行一番审视。下面本节将在快照文化和广告文化的相互生成中，锚定微信朋友圈照片在视觉文化地图中的位置，并在景观文化和视觉规训的双重理论视野中分析微信朋友圈照片，以此审视这样一种视觉文化形态的内在特征是什么，今天对于我们又可能意味着什么。

一、朋友圈照片的特质

纵向来看，与此前的摄影文化相比，朋友圈照片的特质是什么？

必须承认，朋友圈几乎可以容纳此前所有摄影文化传统，摄影家、广告人、快照爱好者、拍客都可以在朋友圈继续表达自我、传达意图、记录生活、揭示问题，把朋友圈当作旧有媒介，即展馆、广告位、家庭相册、微博的延伸。但同时我们更应看到，即便是这些传统影像，当它们走入朋友圈，也将在这里获得新的诠释。譬如，一个摄影家在朋友圈搞展览，大家看到的就不仅是作品本身，还有摄影家借此传递的自我形象——"我是摄影家，我有专业技能"，人们就能根据该形象与他建立关系，或许他还会获得更多活动邀请。这样一来，摄影作品就被赋予了生产摄影家"自我"形象和社交生活的意义。我们不妨再举几个更具时代性的案例。

1. X 是一名高中生，他的朋友圈有一个专门的"大人"分组。那些关于上课、作业的照片，他只设为"大人"可见，而那些关于游戏战绩和明星打榜的照片，他则向"大人"屏蔽。

2. A 得知 B 最近需要借钱买房，不断向 B 哭诉老公克扣了她的生活费。C 是 A、B 共同的朋友，一次与 B 聊天，说起 A 最近在朋友圈炫耀高端生活，B 才发现 A 为了防止她借钱，专门向 B 屏蔽了此类内容。[1]

对于案例 1 中的 X，无论是向大人晒战绩，还是向朋友秀学习，都会对其人际关系产生负面影响，因而 X 通过分组，将自己分裂为"好孩子"和"酷孩子"两种形象，这样就能同时符合两个圈子在

---

[1] 房贷案例参见张超《把你的朋友圈用起来》，北京联合出版公司 2015 年版，"前言"第 3—4 页。

他看来难以调和的价值观。在案例 2 中，A 首先在圈子中积极塑造"白富美"形象，以提升她在姐妹中的交友价值，同时却对 B 屏蔽其"富人"形象，为的是避免卷入她不乐于建立的借贷关系。必须承认，这两个案例都比较极端，但它们却更有助于揭示朋友圈影像的功能特质：所谓朋友圈影像，首先是与朋友圈结合的影像，而朋友圈则是一个汇聚圈子关注、连接人脉网络的空间。因而，当影像——无论是移植进还是原生于朋友圈的影像，无论其最初的功能是什么——出现在这样一个空间，最贴合其媒介特性的功能，都将是服务于个体自我形象的传达和大众社交生活的开展。而这无疑是此前的摄影文化很难及时承载的功能。

横向来看，与同时代的社交照片相比，朋友圈照片的特质又是什么？除了用户规模上的明显优势，同样重要的还有它所位于的熟人社交网络。基本上，微信是我国唯一有着绝对垄断地位的熟人社交平台，熟人社交意味着人与人间的联系建立在"强连接"之上，因而更加稳定、直接、熟识，也因此，相对于建立在"弱连接"之上的"陌陌"等陌生人社交平台和 Instagram 等公共图像社交空间，个体对微信朋友圈形象的经营，与上述平台相比带有一定"探索发现"或"公共空间"性质的社交空间，更倾向现实化、私人化和圈子化。[1] 也因

---

[1] 格兰诺威特从持久度、强度、亲密度和双向性四个维度衡量人际关系的强度，区分出强关系和弱关系两种形态。通俗来讲，在我们的日常感知中，和熟人的关系就相当于强关系，和不太熟的人的关系相当于弱关系。熟人关系的互动更稳定、亲密、持久，但关系本身可能相较于"弱关系"会更加同质化、圈子化。"弱关系"虽然更加变动、生疏和单向，但关系本身更具有多元性和开放性。Cf. Mark S. Granovetter, "The Strength of Weak Ties", *The American Journal of Sociology*, Vol. 78, No. 6, 1973, pp. 1360–1380.

此，微信朋友圈中的照片更有可能对普通用户的私人生活、人脉关系和个体人格产生实际影响。

如果承认朋友圈照片的上述特质，就会发现，一些视觉文化批评的经典思路都可以在这里获得新的延展。首先，根据中介人际关系这一特征，我们就可发展景观文化批评。根据德波的判断，资本主义已经进入景观社会的新阶段，景观将异化为物与物关系的人与人的关系，再次异化为由景观中介的关系。"景观不是影像的聚积，而是以影像为中介的人们之间的社会关系。"[1] 这个在大众传播时代做出的断言，在今天的朋友圈中获得了更加直观、充分的展现。尤其当景观的制造者不再是少数人，而是我们每个人，当景观不仅出现在公共空间，更侵入个体朋友圈，景观对社会关系的异化也将以更加内在、自然的方式展开。其次，根据照片传递自我形象的特质，我们可以引入"目光的规训"这一批评维度。福柯提出，相对于古典时期，现代权力的运作机制以更加柔性的方式展开，"目光的规训"就是其中的代表性机制之一。在温尼科特看来，类似规训功能的目光机制，甚至以更原初的方式被嵌入自我这一人类心理结构，因为在"自我"刚刚开始发育的婴儿期，婴儿就已经会本能地根据母亲的目光调整行为。如果母亲总是按照自己的意志规范婴儿，那么婴儿就会在对母亲／环境的适应中，产生一个讨好性、防御性的"假自体"，用这个更符合目光期待的"自我"，保护、隐藏甚至埋葬那个更具活力和破坏力的自我。[2] 不难看出，"圈子的关注"在某种程度上，就可以充当成人世

[1]　[法] 居伊·德波:《景观社会》，王昭风译，南京大学出版社 2006 年版，第 3 页。

[2]　Cf. D. W. Winnicott, *Playing and Reality*, New York and London: Routledge, 2005, pp.149-159.

界中那来自熟人关系的目光规训。"圈子正在看着你"——当人们在如此目光机制的作用下，竞相用那个更符合熟人圈期待的形象中介和塑造自我，目光对自我的规训、社会对主体的塑造，也将通过主体有关自身影像的生产、分享、互动，以更日常、隐秘的方式展开。

在下文的分析中，上述"景观的内化"和"圈子的关注"将是两条隐含线索。我们希望在二者提供的交叉视野中，理解部分朋友圈照片如何助推人与人关系的异化，而主体又如何在此过程中将时代的问题内化为自我创伤。因此，在朋友圈海量而复杂的影像中，我们关注的主要是与上述问题意识相关的那些照片。换言之，笔者将研究对象主要圈定在一些特定视觉症候群以及相关发展趋势，但这并不是说，所有朋友圈照片都会对社会关系和个体心理产生病态影响。相反，笔者之所以格外关注这些更具异化效应的照片形态，恰恰是因为希望能够通过理性认知其特性，更好驾驭这种视觉文化类型（见图 3-1）。

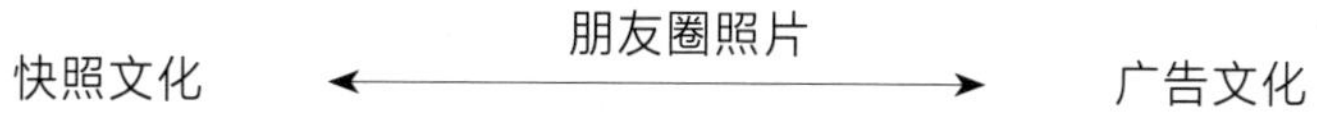

快照文化 ←———— 朋友圈照片 ————→ 广告文化

图3-1 朋友圈照片的继承谱系

上文对朋友圈照片的功能特质做了分析，让我们再来参照视觉文化传统，对其视觉特质做个界定。笔者认为，朋友圈照片延续了两种视觉文化传统的血脉，其中一个是快照文化。虽然胶卷和实体相册已属过往，但这并不意味着记录生活"美好一刻"并与他人分享的需求从此消失，它以朋友圈照片的方式获得了新的、更强烈的表达。另一个传统是广告文化。如果说曾经公共空间中的视觉传达大多是专业影像工作者和政要明星方可涉足的领域，那么今天我们每个人都能拥有一个可触达千人的视觉修辞空间，精心营造的朋友圈可以充当视觉简历、影像自传，让我们以相对可控的方式将想要建立的形象传达给社交圈子中的目标群体。换言之，朋友圈照片是快照和广告文化的"孩子"，而其特质就体现在这一融合了其父系和母系血脉的居间性：相对于传统家庭相册，它是更具有展示性也更适合展示给复杂群体的朋友圈相册；相对于大众广告，它则是跟其目标群体关系更近，更容易发生互动、生产意义的精准传达。因而它就是"快照的生成—广告"，同时也是"广告的生成—快照"。然而正是在这种彼此生成中，朋友圈照片也内化了两种视觉文化传统的诸多差异。在广告文化中，影像更倾向被当成处心积虑的视觉修辞；在快照传统中，影像更可能被看成天真无邪的纪实影像。朋友圈照片则在对"父母"血脉的双重继承中，将"视觉修辞—纪实影像"的内在矛盾转化为一种重合了二者的暧昧影像结构。就是在这种影像结构中，纪实和虚构变得难以区分，生活变得广告化，广告变得生活化。

二、"美好生活"的秩序：生活的广告化

在"圈子的关注"下生产的朋友圈照片，遵从着什么样的视觉秩序？让我们先从其母系血脉"快照文化"的传统说起。根据《快照版生活》对快照文化的研究，快照的崛起伴随着中产阶级核心家庭的繁荣[1]，"柯达一刻"编织而成的生活影像并非简单纪实，而是已能构成一种视觉诠释——人们更愿意拍摄聚会而非孤单、快乐而非忧伤、变化而非重复、亲朋好友而非陌生人、通往希望而非衰落的生命节

[1] Cf. R. Chalfen, *Snapshot Versions of Life*, Bowling Green: Bowling Green State University Popular Press, 1987, pp. 4-16.

点……诸如此类关于什么该拍、什么不该拍的影像常规和禁忌，承载了拍摄者的价值，展现了中产核心家庭对于"美好生活"的理解。[1] 如果我们以此为基点观察朋友圈照片，就不难发现两个关键差异。第一种差异是相对于快照传统，朋友圈照片的展示维度更突出。不难理解，被"柯达一刻"记录的影像固然象征美好生活，但被朋友圈展示的影像更加美好，换言之，展示需要"更美好"，美好需要"更展示"。[2] 因此，理论上所有内容都可以发布，但并非所有影像都适合分享——这也是微信后续增加"私密""部分可见""不给谁看"等限制展示功能的原因。或许我们多少都有类似经历，倘若在朋友圈不小心发了不够符合圈子期待（或曰"美好"）的内容，如果不是被熟人"小窗"提醒删除，就是过段时间自己自行删除，否则后果自负。[3]

那么如何定义"美好"呢？这就涉及朋友圈照片和快照的第二种差异。相对于快照辐射的家庭亲友圈，朋友圈的关系网更具社会性和开放性。那么我们是否可以认为，如果快照体现的是中产阶级核心家庭的价值观，那么朋友圈照片则意味着构成其圈子主体／主导人群的

[1] Cf. R. Chalfen, *Snapshot Versions of Life*, Bowling Green: Bowling Green State University Popular Press, 1987, pp. 44-48.

[2] 根据毛良斌的研究，社交媒体自我呈现对主观幸福感的影响效应大小取决于自我呈现的方式；积极自我呈现和真实自我呈现均能显著提高主观幸福感，消极自我呈现则显著降低主观幸福感。参见毛良斌《社交媒体自我呈现与主观幸福感关系的元分析》，《现代传播（中国传媒大学学报）》2020 年第 8 期。

[3] 当然，偶尔"卖惨""晒丧"也是可以的，但是如果总是这样，如此形象因为给人"负能量满满"的印象，很难在圈子中产生长期积极的效果，发太多负面内容甚至可能导致丢工作的风险，因而大部分情况下，发"负能量"朋友圈照片的习惯会逐步得到修正。参见知乎提问"微信的朋友圈里发什么合适？又应注意避免哪些东西？"及知乎官方账号"盐选推荐"的置顶回答。

价值导向？笔者认为，一部分确实是这样，这一点尤其体现在不同群体的职业影像中。比如，一个学者的朋友圈常会出现带有名字桌签的发言照，这象征地位；一个记者的朋友圈常会出现名流大腕的采访照，这象征人脉；一个企业高管的朋友圈经常会出现周旋于各个城市的机场照，这象征繁荣；一个办公室白领的朋友圈经常会出现佐以咖啡奶茶的加班照，这象征忠诚；一个大学生的朋友圈经常会出现执行经典阅读计划的打卡照，这象征上进；一个退休老人的朋友圈则经常会出现配以"早安""晚安"的打卡照，这象征爱生活；一个党政机关领导的朋友圈很少发工作照，却经常会出现办公楼附近象征着"真善美"的花花草草；一个劳动者的朋友圈也很少发工作照，却经常出现工地外的街景风景，配文"收工了"……不难看出，不同职业的朋友圈传递的是不同价值作用下的自我形象，这些形象虽由自己经营，却在其拍摄、发布、删除的每个环节，都在不同程度上嵌入了"圈子的关注"这一目光机制。

同时，"圈子的关注"不仅体现为不可见的目光，也能呈现为可见的反馈，这无疑对主体以环境期待的方式呈现自我，具有显著激励效果。不难理解，一个人是否注重外表展示，和该行为可能引起的反馈密不可分，社会和资源流动性更高的城市就比乡村更能催生展示欲。[1] 在这个意义上，内嵌点赞、评论、提醒机制的朋友圈，无疑成为今天人们最理想的展示反馈空间：首先，比起传统反馈形态，影像可以打破线下时空限定，在理论上触达人们的整个社交网络，产生更多、更频繁的反馈。其次，发布者还能掌握反馈来自哪里（甚至能通

[1]　参见［美］凡勃伦《有闲阶级论——关于制度的经济研究》，蔡受百译，商务印书馆 2018 年版，第 68—69 页。

过"提醒谁看"寻求精准反馈），尤其是当反馈来自在乎的人，其激励效果也可能更加显著。再次，朋友圈更倾向正面反馈，虽然照片评论区看似自由的互动空间，但人们的评论大多与社交生活重合，必须要考虑到约定俗成的社交礼俗，因而这样的机制其实事先就过滤掉了负面评价，能呈现出的大多是肯定性、迎合性的评论。可以想象，这样一个内嵌肯定性回馈的空间随时诱惑着人们，如何能不引导主体以更迎合圈子的形象展现自我？

朋友圈照片除了要融入小圈子的目光期待，同时还要迎合大环境的价值导向。理解这个问题，我们就要回到展示现象的缘起。根据《有闲阶级论——关于制度的经济研究》，战利品是人类最早的展示品，展示战利品的战士不需生产、劳动，构成了人类最早的有闲阶级。自此以后，上层阶级和"展示"就结下了不解之缘：随着社会经济的发展，从展示"有闲"（非生产性的时间消耗）到展示"有钱"（炫耀性消费），从自己直接展示到让亲友、仆从代理展示，让身份地位可见的"展示"，体现在上流阶层社会生活的各个方面。但更重要的是：

> 其生活方式，其价值标准，就成了社会中博得荣誉的准则。遵守这些标准，力求在若干程度上接近这些标准，就成了等级较低的一切阶级的义务。在现代文明社会中，社会各阶级之间的分界线已经变得越来越模糊，越来越不确定，在这样的情况下，上层阶级所树立的荣誉准则很少阻力地扩大了它的强制性的影响作用，通过社会结构一直贯串到最下阶层。结果是，每个阶层的成员总是把他们上一阶层流行的生活方式作为他们礼仪上的典型，并全力争取达到这个理想标准。他们如果在这方面没有能获得成功，其声名与自尊

心就不免受损，因此他们必须力求符合这个理想的标准，至少在外貌上要做到这一点。[1]

可见，在上述不同圈层定义的理想形象之外，一直存在着一种强大力量，它自始至终不曾离开展示空间，不仅试图定义美好，也试图让其他阶层按照其引导的方向展示美好。在这样的理论视域下反观朋友圈照片，就不难理解，如果我们承认上述"展示和模仿"依旧是今天社会生活的重要主题，那么朋友圈简直就是最适合承载这一风尚的视觉空间。在炫耀动机和展示传统之双重作用下，朋友圈里的自我形象有很大一部分传达的依旧是由社会上层[2]引领的审美和价值风尚，这一点在人们的生活影像（衣食住行、文化消费）中体现得尤其明显。

更重要的，这不仅仅是现象层面的问题，还涉及图像机制和社会机制的互动。首先，朋友圈照片融入日常生活每个角落，这一点无疑有助于高端品位的全面展现。如果说曾经总有一些生活领域不便展示，那么今天从睁眼时床边的精致早餐到闭眼前床头的高端阅读，从浴室里高大上的装修到衣橱里高密度的大牌，所有曾经很难被外人看到的生活景观，今天都可以进入展示范围。其次，朋友圈照片越发流行的审美风尚，更贴合高端品位的展示需要。根据布尔迪厄

---

[1] ［美］凡勃伦：《有闲阶级论——关于制度的经济研究》，蔡受百译，商务印书馆 2018 年版，第 66 页。

[2] 根据陆学艺的分析，中国的社会上层主要有高级管理人员、大企业经理人员、高级专业技术人员、大私营企业主构成，由于特殊国情，这里所说的"社会上层"主要指的是后三者构成的群体。参见陆学艺主编《当代中国社会阶层》，社会科学文献出版社 2018 年版，第 8 页。

的研究，上层社会和下层民众趣味的主要区别就是前者更注重形式感，形式感是一种超出了单纯实用和感官愉悦的内在审美秩序。[1] 十分巧合的是，今天移动影像越发流行的审美风尚，也以显著的形式感著称。由于移动屏幕的尺寸限定和系统提供的布展特征（如微信九宫格、Instagram 照片墙），人们逐渐汰选出一种最适合移动媒介的视觉审美，体现在影像简洁的线条、大块的色区、干净的布局、大胆的留白。随着移动影像的发展和大众视觉素养的提升，本属专业摄影领域的视觉风格，越发受到大众追捧，成了被竞相模仿的"Ins 风"。[2] 不难想象，干净的风景、摆盘精致的美食、有线条感的身体、注重裁剪的服饰、追求仪式感的生活……这一切体现了形式感的生活方式，比起仅仅注重实用的、不精致的底层生活方式，都天然更贴合"Ins 风"的审美需要。在内容高级感和影像形式感的同频共振之下，"Ins 风"也在形式和内容的双重意义上，成了今天移动领域最具"网红"潜质的视觉时尚先锋。

同时朋友圈照片的内在认知预设更容易让人相信展示的内容。照片描述的事件是真实、自然发生的——这几乎构成了快照文化的认知前提。我们不太会站在别人的新房前拍照说是自己家。同理我们也会相信，朋友家相册中的照片是其真实生活的记录，而非对"美好生

[1] Cf. Pierre Bourdieu, *Distinction*: *A Social Critique of the Judgement of Taste*, trans. Richard Nice, Cambridge: Harvard University Press, 1984, pp. 1–7.

[2] Ins 全称 Instagram，又称照片墙，是目前最有世界影响力的移动影像社交平台。"Ins 风"源于极简主义和 20 世纪中叶的现代主义，因在 Instagram 上走红而被命名。Ins 风不仅仅是一种视觉风格，也包含该风格呈现的内容，是一种媒介形态、视觉风格和内容的综合体。Cf. Lev Manovich, *Instagram and Contemporary Image*, Creative Commons, 2017, pp.72–73.

活"的摆拍。[1] 朋友圈照片的微妙之处就在于它一方面并没有斩断和快照文化的联系，上述认知预设仍在朋友圈相册中发挥着惯性；另一方面又能充分发挥景观中介真实的作用。为了理解这一点，我们不妨想象，如果莫泊桑《项链》中的女主角活在今天，她还会借项链参加一整晚舞会吗？或许更保险的方式是在朋友圈发上几张戴着闪耀项链的舞会照，这样就能让亲友看到她上层社会的生活。当朋友圈为物品"展示"价值的充分实现提供了如此优渥的空间，如何不会催生诸如"拍照 3 小时，吃饭（健身、看展、读书等）10 分钟""拍照 3 小时，修图 10 小时"的视觉文化现象？在这种极端情况下，朋友圈照片已彻底成为广告，生活连同展示生活的主体，统统异化为景观的"道具"。与此同时，由于快照文化效应，不明真相的亲友或许还会恭喜这个已沦为拍摄道具的"理想形象"，俨然已是美好生活的主人。由此，我们不难得出：上流社会展示生活，较低阶层模仿其生活——如果说在"有闲阶级论"的时代，这个展示和模仿的游戏，大部分要通过生活和实体消费实现，那么不夸张地说，到了朋友圈时代，这个游戏则进化出了其建立在影像和视觉消费上的 2.0 版本。

综合上述两种趋势，我们认为，朋友圈并非价值中立的视觉空间，它本质上是一个在熟人社交场合进行自我展示的空间。自我展示的人性意味着，这个空间青睐美好；自我展示的文化更意味着，这个被青睐的"美好"在有意或无意中青睐的是上层社会定义的"美好"。如果此时我们再回到本节开篇的提问：朋友圈照片遵从着怎样的视觉秩序，那么就不难看到两种逻辑同时作用：一种逻辑试图让朋友圈成

---

[1] Cf. R. Chalfen, *Snapshot Versions of Life*, Bowling Green: Bowling Green State University Popular Press, 1987, pp. 126–127.

为不同圈子理想形象的视觉传达；另一种逻辑试图在此基础上，让优越的社会地位或向上的社会流动，成为深入所有圈子生活影像的元价值导向，让不同圈子看似差异的视觉表达在这种底层逻辑的影响下，有意或无意地通向唯一的价值表达，最终也让那些特别在意社会身份和流动的群体，越发倾向于把朋友圈当成一个借视觉符号暗示社会身份和阶层秩序的视觉空间。如果以前，我们还能批判大众媒体生产的景观，试图控制我们的欲望和经验、中介我们的关系和情感，那么今天，这个关于自我形象的"内化景观"则在"圈子的关注"下，由我们自己生产，这种控制和异化也由我们加诸自身。

以上，我们考察了"生活的广告化"这一生成趋势，下面我们再从朋友圈影像的父系血脉开始，分析"广告的生活化"这一变异态势。在这两种趋势的呼应中，朋友圈影像的暧昧结构之于我们的意义才能获得更充分的呈现。

三、日常影像的修辞：广告的生活化

从大众传媒时代到移动互联网时代，广告伴随着媒介发展，进行着更适应移动社交文化的调整，同时广告文化也演化成一种更具普遍性的"广告性"，以视觉修辞的方式与普通人日常生活影像结合。为了说清此趋势，我们需要从"快照美学"讲起。在某种意义上，快照美学几乎是个矛盾说法。大众生产的快照经常被认为没有美学，至少没有刻意的造型意识。快照能成为一种美学，需要等到摄影家罗伯特·弗兰克以一种看似随意、偶然、业余的纪实风格，捕获普通人生活中那些"非决定性的瞬间",成就了世界摄影艺术史的经典。[1] 此后,快照美学逐渐进入专业摄影,它常以貌似糟糕的聚焦、模糊的影像、笨拙的姿态等这些传统上通常意味着"坏照片"的特征为美学特色,从而有意识地与有设计感的影像区别开来。有趣的是,近年来,越来越多的大牌广告开始意识到,快照美学比起风格明显的影像,可以更有效地承载视觉修辞的功能,因为"快照风格最关键的特征之一就是,它看起来更像真的。貌似快照的影像总能给人一种感觉,它不属于传统影像,不属于公司想要借助这种影像传达给我们的那个人工建构的世界。这个特征可以被用来提升机构公信力,让普通用户成为产品的可靠背书,或展示该品牌如何与普通人的生活结合"[2]。如果说曾经的广告大多青睐的是如"嘉宝的脸"那般近乎理式的完美形象,今天越来越多的视觉传达越发强调图像和世俗的关系:模特越发展现为可触及的凡人,空间越发呈现为生活中的场景,而风格也越发倾向于快照美学。在这里,自然和设计、真实和造作、纪实摄影和虚构图像的关系变得模棱两可,而正是借助这种视觉风格和内容上的双重暧昧,广告试图传达出与大众日常生活更紧密的真实感和亲切感。

但要想真正深入大众生活,做到视觉上的日常化还不够,这就要谈到移动互联网时代的营销了。为了适应媒介环境,今天的营销比起大众传媒时代有更多互动,更加"真诚",更不直接,而该趋势在我

---

[1] Cf. R. Frank, *The Americans*, Göttingen: Steidl, 2020.

[2] J. E. Schroeder, "Snapshot Aesthetics and the Strategic Imagination", *Invisible Culture*, Issue 18, 2013.

国又体现为两种形态。第一种的代表是"小红书"[1]等公共图像社交平台。"小红书"营销不同于传统广告的一大特征，就是内容要符合博主人设——她往往不是高高在上的明星，她和用户分享产品测评，就如身边的大姐姐向妹妹分享彼此都感兴趣的体验。这也就意味着广告内容和风格之调性，也将更加贴合普通人的日常生活。又因为这样的营销往往少不了视觉的配合，因而被"种草"的用户在后续消费中，也常常把"拍同款"当成伴随时尚消费的潮流影像生产方式，在普通人的生活中，就形成了以"网红××打卡"为特色的朋友圈照片。以这种方式，影像的病毒传播呼应着消费的时尚模仿，把一种消费内容及其承载的生活方式沿着普通人的社交媒体传播开来。

　　如果说第一种形态的营销只会在终端效果上影响到朋友圈，那么第二种形态的营销则主要在朋友圈展开。在数量上，朋友圈营销能触达的个体比不过小红书类公共平台，但发布者与用户的关系更亲，同样的内容如果出现在朋友圈，则更有可能对用户产生影响。因而，移动营销发展到今天，已发展出成熟的朋友圈营销业态，并越来越被业界推崇。或许，圈子里某个总在秀自律生活的"白领"，不过是在做减肥产品的代理；某个总在晒旅拍美图的"人生赢家"，不过是旅游产品的销售；某个总发精致自拍的小姐姐，不过是美妆产品的推广者；而某个明明不是销售，却也突然开始展示"精致生活"的熟人，或许不过为了换得相关产品一时折扣（譬如"分享朋友圈立减300"）

---

[1]　"小红书"最早是一个海购分享交流平台，其主要用户为热衷于海外美妆和时尚消费的一、二线城市中产女性，她们经常会自发以视觉笔记的形式分享产品测评，这一活动就自然演变为该社区的主要内容生产行为。随着社区壮大，"小红书"的商业属性越发明显，已发展成中国极具影响力的时尚生活消费指南。

暂时被编进了专业人士的营销链条……广告那带有策略性、修辞性目的影像，就这样以更隐秘的方式深入我们的日常生活。当它们在朋友圈中和延续自快照文化的生活影像混在一起，很多时候我们很难意识到，这些被发布出来的"自律生活""品位生活"，有些根本不过是经过了快照美学包装的生活化的广告。

但广告植入倘若太频繁，很有可能被不耐烦的朋友屏蔽、拉黑，因而今天，起步于卖产品的朋友圈营销又进化到了新阶段：

> 大家可以试着描述下，你是如何定义自己在客户眼里的形象？工作上专业、负责、敬业、爱护客户。生活里有趣、爱学习、善良、孝顺、幽默？然后看下你的朋友圈，请一条条对照，看有多少内容能呼应上面的形象特质呢？……谁是你的客户，你的客户会喜欢你的哪些特质，你的客户会讨厌你的哪些特质……搞清楚客户的身份，就能有针对性地，不留痕迹地提升客户对你的好感度。[1]

就这样，从"卖东西"到"卖自己"，朋友圈营销的重心朝着更隐秘的"卖人设"演化。如果按此思路，一个服务对象为中年男性的女销售员，就可以分享带有清秀阅读笔记的人文经典书页，以彰显其独到见解、知性魅力；而一个客户群体定位在中年女性的男经理，就最好找群野猫，定点投喂，拍照打卡，以彰显他的爱心、责任心……仅仅因为客户喜爱这样的品质，所以就想方设法地让客户在朋友圈中看到这样的品质——当个体开始按照一个商品化的价值来评估和打造

---

[1] 参见知乎用户"加推"对知乎问题"微信的朋友圈里发什么合适？又应注意避免哪些东西？"的回答。

自我形象，他也开始将自我塑造成这个价值体系下的一件商品。他貌似关注自己、推广自己，"把朋友圈用起来"服务自己。但同时也在默默规训自己、分裂自己，把自己"用"来服务圈中景观。但坦白地说，在更普遍的意义上，难道我们不都在不同程度上推广着自己吗？让大家在自己的朋友圈看到"我有用，我很好，快来和我交朋友"，在别人的朋友圈向其表达"你有用，你很好，我要和你交朋友"，帮彼此在朋友圈维护"他有用，他很好，快来和他交朋友"，这难道不是支撑朋友圈繁荣景象、盛世景观的重要动力吗？

在这个意义上，尽管我们或许会反感朋友圈里的广告营销，但可能人人都在不同程度上扮演着"广告人"。换言之，在广告的生活化趋势下，"广告"已不仅是一种特定专业影像类型，而是具有一种更具普遍意义的"广告性"，即有目的的视觉修辞。它作为一种更具结合力的媒介属性可以与各种各样、各行各业的朋友圈照片结合。更可怕的是，当上述"广告性"作为一种认知预设，成为一部分人审视他人传达形象的理解框架，一些本来很可能十分真诚的表达也会被编入"人设"营销的逻辑。一个护工在朋友圈发了他难得回家照顾父母的孝敬照，可能就有人认为，此人传达的是他在照顾老人上能够胜任且不乏真情的职业形象；一名育儿嫂分享了她难得回家为孩子制作的美食照，就可能会被认为此人经营的是她善于烹饪且热爱家政的职业形象。假作真时真亦假，当设计变得自然，自然也似乎显得设计，当虚假显得真实，真实也难免显得虚假。当我们开始没有区分地用"有目的的修辞"看待他人展示的形象，人与人的关系也将加剧走入"互为工具""相互揣测"的恶性循环。

结论：朋友圈里的理想形象 —— 强迫设定和心理异化

让我们回到一个老问题：摄影究竟是纪实的工具，还是虚构的载体？对于朋友圈照片，在其母快照文化中，摄影更倾向是纪实工具；在其父广告文化中，摄影更倾向是虚构载体。而朋友圈照片则在父母血脉的继承中，将这些矛盾融合成了纪实—修辞、自然—设计、真实—虚构的模棱两可，让矛盾的双方在很多情况下难以分辨。于是在生活广告化的趋势下，生活被展现得越来越"美好"，圈子的目光最终导向生活的景观；在广告生活化的发展中，"美好"也演变得越来越生活，生活的景观最终通向圈子的目光。其最终效果是，各种意义上的"美好生活""理想形象"好像已经从 20 世纪公共媒体中的视觉景观，降临到 21 世纪的朋友圈里，成为生于人间、记录人间的"人间好景观"，似乎美好生活已不仅是人民群众的向往，而是一个已经"有图有真相"的事实。

但真实的社会往往不像朋友圈的景观那样美好。考察这些年来部分文化热点，就会发现，在我们所属的这个处于结构转型中的、被迫加速的、全球危机频发的时代，并非所有人都像看起来那样过得美好。在此，我们不妨引用一段颇具代表性的独白：

> 从边陲小镇的朴实男孩，进阶到一个月（在朋友圈中）换四次国际坐标的花花蝴蝶，我只用了两年……刚工作的时候，我的试用期工资到手只有四千，依然借钱租一个月 2600（元）的主卧，毕竟在次卧狭促的空间里……真的很难拍出中产感……到了一个新坐标（我）只敢吃一顿大餐，住一晚高级酒店，体验完，拍够了照片，就换更便宜的地方消费……为了维持这种生活方式，我几乎每天都只

吃包子。反正，我对食物没有过高需求，食物对我来说仅是果腹，我可以花 1000 块去新开的餐厅拔草，但不愿把它拆分成每天 20 多块的外卖。[1]

为了在朋友圈将自己展示为一个有着品质生活的城市中产，独白者"几乎每天都只吃包子"。这不仅是一个特例，它和"精致穷""无产中产阶级""朋友圈展示面"[2] 这些近年来引起热议的社会现象一起，共同揭露了时代光鲜面具下的一角。在这里，各种各样的"美好生活"图像和琳琅满目的理想形象，不过是社会、心理、视觉机制的通力作用下产生的时代症候。

或许，展示美好，并用展示出的美好补偿现实、实现意图，本就是人类的一个生存策略和文化传统。但我们也更应清楚，正因如此，这样的景观才更加内化于我们自身——它由我们自己制造，它展示给我们的亲友，它中介了我们的生活、世界、关系、情感，更重要的是它也规训和塑造了我们自己。但问题是，这样的景观，成全的或许并非那个真实的、健康的自我，而是社会的目光所期待、外部环境所喜

---

[1] 《无产中产阶级：穷且奢华的年轻人》，"真实故事计划"豆瓣日记，2018 年 7 月 21 日。

[2] 根据《无产中产阶级：穷且奢华的年轻人》一文中的定义，无产中产阶级指"像无产阶级一样没有固定资产和生产资料，靠出卖劳动力赚钱。同时积极用中产阶级的消费习惯和审美趣味要求自己的群体"。"朋友圈展示面"是一种通过健身、美食、奢侈品、海外旅游、冒险运动等照片协助用户打造朋友圈高端人设的专业影像服务。服务内容包括两种形态，一种有点类似旅拍，好处是照片中可出现用户本人；另一种只需提供第一视角拍摄下的生活素材以及发布文案，供用户选择。

欢、景观所设计下的"自我"。与此同时，这样的"自我"建设的或许也并非那种真诚、健康的人际关系，而是彼此评估、相互揣测、以利益为中介的人际关系景观。不难理解，如果主体看到朋友圈里发布的都是别人的美好生活和卓越成就，就难免助长自身的身份焦虑感，导致整个社会范围内的焦虑型人格问题；如果总是按照圈子的期待塑造朋友圈形象，也难免助长主体的虚假自体问题，产生更多讨好型和表演型人格……更何况对于很多人，无论多么努力地按照理想形象塑造自我，也终究难以缝合理想和现实的鸿沟。当人们维持着"线上敬业、线下摸鱼"的双重人格；当人们拼尽全力地讨好，也难以获得期待的反馈；当人们处心积虑地经营，也难以掩盖淹没在信息流中的平庸……形象整合的焦虑如何不伴随认同分裂的危机，影像生活的光鲜如何不衬托实在世界之惨淡？就这样，尽管社交媒体展现着各种各样的美好，但美好的反噬却由我们自己承担。当时代阴影和社会问题被各种各样的美好和理想粉饰，它们却可能在我们的心灵深处留下难以言说的创伤。

一句话，如果一百多年前，流水线异化了产业工人的身体，那么今天，与大众日常生活结合得更紧密的社交影像，正在悄然异化我们的精神和心理。但问题的根本症结不在于朋友圈照片本身，而在于人与媒介的合谋：就如一个人的权力并非来自自身，而来自赋予他权力的他人和社会；同样照片之所以貌似能拥有控制我们的力量，也因他者赋权，它们包括照片在其中发挥作用的社会机制、心理机制、视觉机制等，以及贯穿这一切、构成这一切的根本因素——人。因而我们始终相信，无论异化可能以多么高明和难以抗拒的方式开展，历史始终给愿意保持清醒的人，留下了通往自由的、实践的位置。

最后，由于笔者生活圈子基本上属于一、二线城市中产阶级，支撑本节的经验也大多来自这个圈子，因此本节的判断是否可以扩展到更多、更差异的人群，仍有待验证。同时，本节采用的主要是视觉文化批判的研究进路，如果思辨理论能佐以人类学、社会学、心理学的实证研究方法，相信朋友圈照片这个移动互联网时代的代表性影像形态对社会和个体的意义，将以更丰富的方式揭示出来。

第二节

城市数字地图：
城市空间的数据体制化及其后果

    陈平原先生曾在其都市研究中提到，一座都城有各种面相，有用刀剑建立起来的"政治的都城"、金钱铸造起来的"经济的都城"、砖木堆砌而成的"建筑的都城"、色彩涂抹而成的"绘画的都城"，当然，还有用文字累积起来的"文学的都城"。[1] 然而，今天，当我们提出如何体验城市的问题，估计很多人的第一反应都会是拿出手机，打开承诺用起来"哪儿都熟"的数字地图，这就有了以地理信息的形式呈现的"数字地图的都城"。必须承认，今天嵌入了"本地服务"和"出行导航"功能的城市数字地图，已经比任何关于都市的传统文字和视觉形式，更能影响大众的日常城市体验。不夸张地说，今天我们对一座城市的期待、触摸和认知，多多少少都经过了数字地图及其内嵌应用之中介。正是在这个意义上，或许可以说，如今人们的城市体验，恰恰发生在地图空间和实在空间的"相遇"处。换言之，今天

---

[1] 参见陈平原《北京记忆与记忆北京》，生活·读书·新知三联书店 2008 年版，第 54 页。

我们体验的城市，不再是仅存在于物理空间的城市，而是存在于比特世界和原子世界之"交互界面"上的城市。

大家知道，文字和图像既是一种媒介，也构成了一种体制。作为一种体制，它们往往倾向展现对象的某些方面，同时忽视或排除另一些。关于都市的文学、历史和影像，大都没有逃过这样的体制。比如，中国文学中的城市书写就深受"文字体制"的影响。士人作为中国古代文学的重要生产者，其自身"感时忧国"或/和"隐逸超越"的人格，让中国古代文学在整体上更加偏爱宫阙、农村和山水田园，而总和"现世欲望"脱不了干系的城市书写则相对较少。当然，后来城市书写伴随现代化和城市化进程也发展起来，但依旧免不了在整体上呈现出对中产及以上阶层的厚爱，相应的则是对城市底层的漠视与遮蔽。[1] 今天我们禁不住继续追问，对于数字城市地图这种更能影响大众日常城市体验的媒介，是否也存在着类似的数据体制？如果存在，那它偏好什么，又忽视什么，构成这一倾向的机制又是什么？最终信息的"偏好"又是否能在城市更新的进程中，参与到一种实在的"空间的生产"中？

或许，对于很多人，上述发问着实奇怪。以常识来看，地图不过是实在世界之精准再现，实在世界是什么样的，地图就会据此测绘成什么样。因而，问地图的"偏好"是什么，这种偏好又如何影响真实的城市，简直荒谬！对此，我们有两点辩护。首先，地图一直都不是清白无辜的"透明"媒介。比如，一直以来，地图绘制都存在着"选

---

[1] 参见陈平原《北京记忆与记忆北京》，生活·读书·新知三联书店 2008 年版，第 29 页，以及 21 世纪以来关于"底层文学"的系列讨论。

择什么呈现""如何呈现"的"地图概括"问题[1]，即使在数字地图被广泛运用的今天，哪怕理论上地理信息系统的数据库已能无限扩容，"呈现什么""如何呈现"的问题依旧存在，并且当下这个问题正与服务于"本地生活"的信息采集和推广机制紧密嵌合。其次，地图的功能一直都不只局限于"反映"和"再现"[2]，如果说以前只有了解军事和户外活动的人才真正理解"地图可以指导行动"的奥义，那么今天这种观念已借"导航"这一最常用的地图分析服务普及开来。在"周边"和"导航"功能的支持下，地图上的地理和导航信息同时"反映"和"指导"着人和物的实在流动。此时，支撑地图功能的语式就不仅是一种表达"是"什么的陈述语式，同时也可以是一种推动"做"什么的命令语式。更重要的，当导航产生的"流量"（traffic）在地理信息空间和实在空间同时发生，一种涉及"流量"这一信息时代核心资源的实践活动也跃出了数字地图，进入实在空间，并在这个过程中与资本、人和物的流动结合，悄然塑造着空间自身的功能。

今天城市数字地图一方面已在事实上"无处不在"，另一方面又在表面上"清白无辜"。正因如此，本节才要以上述问题为轴，对城市数字地图进行一番批判性审视。首先，我们将聚焦于城市数字地图构成的信息空间，讨论它所提供的服务如何完美呼应现代生活的气

---

[1] 地图最重要的基本特征就是通过缩小的图形表达地理环境，由于制图面积的有限性，不可能将制图区域内的全部事物完整无遗地表达在地图上，因而必须根据地图用途、比例尺、内容要求和地区特点，对要表示的事物进行取舍和概括。参见袁勘省主编《现代地图学教程》，科学出版社 2007 年版，第 214—237 页。

[2] Cf. Valerie November, Eduardo Camacho-Hubner, Bruno Latour, "Entering a Risky Territory: Space in the Age of Digital Navigation", *Environment and Planing D: Society and Space*, Vol. 28, No. 4, pp. 581-599.

质，成功诱惑人们闲置自带的空间感知和分析能力，将相应工作"让渡"给外在的地理信息系统。其次，在此基础上，我们将在具体的个案中，进一步讨论这个外接系统如何在与"本地生活"和"出行服务"的嵌合中，形成了当下的数据体制，这种体制偏爱什么，这种偏爱又意味着什么。最后，我们将回到那个"为谁"的老问题，换言之，这是"为谁"的流量，又是为谁的空间，在这样的流量影响下生成的又将是"为谁"的城市？

一、数字城市地图与现代城市生活

今天我们为什么离不开城市地图？我们就从导航这个地图最有用户基础的功能开始。其实，生物是天生具有认路能力的。无论这种能力是否如脑科学家所言归功于被命名为"网格细胞""定位细胞"和"测速细胞"的神经元[1]，毋庸置疑的是，在导航地图尚未发明和普及的时代，人类虽不及动物会认路，但也不至于人人路痴。可不知从什么时候开始，我们不再相信与生俱来的认路能力，甚至也不再尝试为了找路开展一些简单社交。笔者多次见到这样一种人，他们只顾埋头跟导航，不惜在原地绕来绕去，也不愿抬头问问路人。于是笔者禁不住要问，究竟是什么吸引着我们"闲置"了动物的自带本能，甘愿被"接入"这人类发明的信息装置？如果问问那些以"认路"著称的老

---

[1] Cf. M. S. Jog et al., "Building Neural Representations of Habits", *Science*, Vol. 286, No. 5445, 1999 pp.1745-1749; J. Jacobs et al., "Direct Recordings of Grid-like Neuronal Activity in Human Spatial Navigation", *Nature Neuroscience*, Vol. 16, No. 9, 2013, pp. 1188-1190; E. Kropff et al., "Speed Cells in the Medial Entorhinal Cortex", *Nature*, Vol. 523, 2015, pp. 419 – 424.

出租车司机，或许他们会告诉你，之所以也开始用导航，主要为了看路况。确实，不认路的靠导航认路，认路的靠导航看路况——无论哪种情况，借数字地图提供的实时地理信息分析服务，人们都期待着可以对出行做出"最优规划"，以节省最多时间。或许对于乔伊斯笔下的都柏林漫步的斯蒂芬或波德莱尔笔下的巴黎游荡的流浪汉，这样高度理性的"最优规划"是很难被理解的。但"最优规划"在今天，就是意味着合理配置行动和时间、以最少成本实现最大效能。在被"泰勒主义"和"工效学"（ergonomics）深深影响的现代人的生活方式和思维习惯中，这样借理性算计实现的"最优规划"已成为一种毋庸置疑的天然需求。

另一个让我们对城市数字地图欲罢不能的因素，或许是它与本地生活服务的无缝对接。声称"哪儿都熟"的地图，主打的不仅是熟"路"，也是深谙本地服务的熟"门"。如果说从前能在纸质城市地图上被标记的地点只能是具有"地标"属性的少数（往往有着一定级别），且往往限于公共服务（政府机构、公共设施、风景名胜等），那么今天数字地图的"兴趣点"（Point of Interest，简称POI）[1] 容量几乎是无限的，这无疑大大降低了被标记的门槛，给人一种地点无论大

---

[1] 数字地图一般用气泡图标来表示POI。通俗来讲，POI是地图上任何非地理意义的有意义点，比如商店、加油站、医院、车站，而河流、山峰则不属于POI，它们是有地理意义的坐标。以高德地图为例，高德地图的POI覆盖汽车服务、汽车销售、汽车维修、摩托车服务、餐饮服务、购物服务、生活服务、体育休闲服务、医疗保健服务、住宿服务、风景名胜、商务住宅、政府机构及社会团体、科教文化服务、交通设施服务、金融保险服务、公司企业、道路附属设施、地名地址信息、公共设施、事件活动、室内设施、通行设施23个大类，每个大类下又有二级和三级子类。参见高德软件技术有限公司《高德地图API POI分类对照表》，https：//i.xdc.at/assets/images/poi-data/poi-type-list.pdf，2021-10-28。

小，均可"图上有名"的印象。（见图3-2）与此同时，一个重要的转变发生了，本来很少有缘被记在传统地图上的第三产业机构——店铺，在地图厂商本地生活服务（以百度地图为代表）和出行服务（以高德地图为代表）的运营战略之推动下，几乎成了当下城市数字地图最主要和活跃的POI主体。比如，根据百度地图2017年的大数据，每个月平均有700万个POI在变化，其中28.5%跟"吃"有关，15%和"买买买"有关，还有23万和"变美"有关。[1] 比起传统地

图3-2　POI数据采集图片

---

[1]　参见《关于地图 POI 你不知道的事儿》，"百度地图"微信公众号，2017 年 6 月 23 日。

图，这些数量巨大且更新频繁的 POI，覆盖本地生活的衣食住行方方面面，同时也以这样的方式，把今天的城市地图全面接入了线下服务业的巨大产业链——不夸张地说，今天我们有多么热衷本地消费，就多么需要数字地图！当城市地图变成了一幅巨大的消费导图，城市本身也被这幅消费导图展现为一座"巨型商场"。

但接下来的问题就是，在这一切没有出现前，居民就不知道去哪儿吃饭、购物、娱乐了吗？当然，我们可以说，今天城市变大了，交通便利了，店铺变多了，栖居地的扩大让其负载的地理信息量超出了生物的处理能力。但这些都没有切中要害，理解这个问题，我们需要绕个弯。一个店铺对于消费者拥有多大吸引力？在传统商业地理学中，其主流测算方式是"哈夫模型"[1]。在该模型看来，商圈／店铺对消费者的引力越大，同时交通成本越低，就越会被消费者光顾。但必须看到，今天，交通阻力对人们的影响越来越小，跟着导航跨越环线"打卡"网红店，这种行为已变得越来越日常。这一看似反常的行为很值得传播学与社会学研究。在这里仅对该活动的主要人群之一城市中产的动机提出一种基于（也限于）个体经验的猜想：迈克·克朗在对公路文学和电影的研究中发现，中产阶级具有一种"通过车或流动性达到逃避"的心理和行为倾向。[2] 可以看到，今天对于工作日被局限在"三点一线"的城市"打工人"，休息日的"诗与远方"其实

---

[1] 该模型翻译成汉语为： $I地区消费者光顾J商店的概率 = \dfrac{\frac{J商店卖场吸引力}{I地区到J商店的距离}}{\left(\frac{I地区各卖场的吸引力}{I地区到各卖场的距离}\right)之总和}$ ，
它总体上认为商业设施的有效服务范围与其引力（品牌、知名度、折扣等）成正比，和消费者的距离阻力（路程时间、交通系统等）成反比，参见吴小丁《哈夫模型与城市商圈结构分析方法》，《财贸经济》2001 年第 3 期。

[2] 参见［英］迈克·克朗《文化地理学》，杨淑华、宋慧敏译，南京大学出版社 2005 年版，第 81 页。

很难实现，想象力匮乏的"探索发现"也实在难逃消费，因而在不同地区、空间和环境"流动"，在这个过程中完成"探城—探店"乃至"打卡—晒图"系列动作，就成了该群体以最低成本让备受压抑的"旅行家人格"获得表达的手段。笔者认为，正是这种以不断"换新鲜地儿消费"调剂平庸日常的奇特心理和行为动机，构成了对城市数字地图持续的使用需要的重要生成机制之一。

就这样，城市数字地图以其最具特色的消费地图和路况导航功能，同时满足着城市中产对于理性规划和探索发现的双重需要，从而深深参与了今天城市居民的日常本地消费和交通出行活动。于是，在上述 POI 和出行大数据的基础上，各种城市地段热力地图、都市吸引力排行榜被生产出来。[1] 同时，各种地理信息分析机构也会利用地图厂商提供的"开放"数据接口，对现有 POI 大数据进行进一步"挖掘"，为各种空间相关的管理、规划、投资和开发活动提供调研基础。[2] 但这些分析方法建立在这样一个预设之上：地图 POI 呈现的数据景观和信息流量，就是这个城市和地区的活力和魅力的真实反

---

[1] 比如百度地图及其下属 / 合作分析机构发布的《2020 后疫情时代中国商圈复苏报告》《2020 年度中国城市活力研究报告》，"百度地图"微信公众号，2020 年 12 月 17 日、2021 年 2 月 22 日发文。

[2] 当下，利用 POI 数据进行城市研究的趋势逐渐兴起，比如利用 POI 进行城市功能分区、城市结构、城市蔓延等问题的研究。代表性文章有池娇、焦利民、董婷《基于 POI 数据的城市功能区定量识别及其可视化》，《测绘地理信息》2016年第 2 期；郭洁、吕永强、沈体雁《基于点模式分析的城市空间结构研究——以北京都市区为例》，《经济地理》2015 年第 8 期；陈蔚珊、柳林、梁育填《基于 POI 数据的广州零售商业中心热点识别与业态集聚特征分析》，《地理研究》2016 年第 4 期；张景奇、陈小冬、修春亮《基于 POI 数据的城市蔓延测度研究——以沈阳市为例》，《中国土地科学》2019 年第 4 期。

映。那么问题来了，难道这里就不存在和文字与图像体制类似的数据体制？

二、消失的"底层商圈"和被过滤的城市"边缘"

上述问题来自笔者的城市生活经验。笔者居住在北京，生活在"安河桥北"附近。这里虽位于五环外，但由于附近有几个大单位，还有各种依托西山生态涵养区而开发的商业小区，生活在这个片区的群体不乏城市中产。他们的本地日常消费大多在"华联商厦"商圈和"龙湖星悦汇"进行。而数字地图也自然十分偏爱这两个场所，几乎一个不落地标记着这里的店铺，其 POI 更新速度几乎能够做到与线下店铺变更同步。与此同时，这里还有几家荣登地图片区分类排行榜的餐饮店，最近又出现了一个根据导航搜索量上榜"海淀区人气最高西餐厅"的网红店，在餐饮高峰段总能看到有人在其景观落地窗前拍照，络绎不绝。但上述群体的日常生活要想正常运转，就需要有人服务他们。在这个地区，这些家政、餐饮、零售和美容美发行业的打工者很多都集中租住在"丰户营村"（官方叫法是"四王府社区平房向阳新村片区"）。丰户营村是附近鲜有留下的城中村。沿着一条延伸约 500 米的主街，小超市、小诊所、小电器五金店、小水电气维修铺、菜摊、主食铺、熟食店、饭店、理发店、裁缝铺、自行车维修铺、台球厅、福利彩票购买店、公共澡堂等生活服务一应俱全。不难想象，"丰户营"这个打工者的聚集地的活力一点都不比"华联商厦"和"龙湖星悦汇"低，毕竟它支持着这里千余名"打工者"的本地生活，支持他们在服务他人之余的时间也能享有被服务的便利。可当你打开数字地图，丰户营村 POI 的匮乏和实地店铺的丰盈形成鲜明对比，如果你在丰户营实地查看数字地图的"周边"功能，推送到眼前的大多是位于其他片区的店铺。好像那些小店从未在丰户营存在过，好像依托这些小店的生活从未热热闹闹发生过。就这样，在地图上看起来一片"清静"的丰户营村与真实体验中面馆深夜依旧有人、早餐凌晨已经出摊、街边租户吃饭聊天、晚上八九点随着公交车到站涌入的人群而开始进入活跃高峰期的丰户营村，形成了鲜明对比。

　　造成这种对比的原因当然很多、很复杂。本节只想从数据体制的角度探讨这个现象。为了说清这个问题，让我们先来了解一下地图上的 POI 数据是怎么来的。当下，POI 最主要的采集方式有两种。一种是靠专业数据采集员带着（根据路况选择车载或手持）沉重昂贵的设备（惯性导航、卫星导航系统、激光扫描仪、照相机等）批量采集，主要采集内容是 POI 的精准定位数据和图像数据。这些采集回来的海量数据需要进一步整理，主要工作是以符合数据标准的方式从图像数据中提取文字信息（如店铺名称），并对 POI 进行类别判断。在 AI 提取和分类能力有待提高的阶段，这个"低端重复"的工作今天仍然十分倚重人工，目前大多是以有偿众包的方式完成。[1] 另一种方式是众包采集。虽然有些用户会自发上传数据（比如新开张的商

---

[1]　目前智能提取 POI 名称的技术属于有待突破的前沿重大课题。2021 年中国计算机学会（CCF）联合高德地图，在 2021 CCF 大数据与计算智能大赛发布了"POI 名称生成"赛题，试图解决的就是从图形中自动提取 POI 名称的难题，但当下 POI 名称提取和分类依旧十分倚重人工，以百度地图为例，百度地图下设与"地图淘金"项目并列的"地图掘金"，就是一种 POI 名称提取、分类和地理信息图文判断的众包模式。参见《中国计算机学会 × 高德地图发布"POI 名称生成"赛题，诚邀全球英才组队参加》，"高德技术"微信公众号，2021 年 10 月 14 日；"百度地图掘金"官网 http://juejin.baidu.com/。

户），但国内 POI 的众包采集主要还是以商家更可控的方式展开。以百度地图下的"地图淘金"为例，业余采集员可以借助专门的数据采集 APP，认领地图厂商派发的采集任务，对相应地理范围已有的 POI 数据进行核对（比如定位和名称是否准确），或利用手机拍照，采集或补充采集符合数据标准的 POI 正面门脸和具体服务信息（如银行服务时间、停车场收费标准、充电桩型号）。[1] 不难想象，这个走走停停、打卡拍照的工作，看似浪漫，实则辛苦，东奔西走不说，到处拍照难免被人怀疑，误入"禁地"不免遭遇喝止，为了拍出符合标准的照片，有时也得适度冒一下险（比如跑到马路中间寻找最佳拍摄角度）。而地图厂商对不同采集任务"明码标价"，采集员认领任务，按时完成并通过审核，就能提现。

那么，问题来了。"明码标价"的标准是什么？除了采集的交通成本、任务数量，笔者认为，更重要的还是厂商对其价值的判断。有人研究谷歌地图发现，一个地段的房地产价格越高，这个地段的卫星地图就越精细。[2] 同样的道理也适用于 POI 数据采集，一个地段的 POI 对于地图厂商越有价值，其采集动力就会越大。那么，什么是有价值的 POI 呢？一言以蔽之，就是符合地图运营思路的 POI，而盈利模式无疑是运营的重头。目前，数字地图主要有两种盈利模式：广告（开屏广告和推送广告）和导流（比如从地图跳转到大众点评、美

---

[1] 根据不同任务形态，目前主要以点（散落在各处的加油站、银行、ATM 取款机，如"金沙"任务）、线（一条街上的店铺，如"扫街"任务）、面（一个片区的 POI，如"金砖"任务）、体（一座商厦各层所有店铺，如"商厦"任务）的方式采集 POI 信息。

[2] Cf. David A. Crowder, *Google Earth For Dummies*, Indianapolis: Wiley Publishing Inc., 2007, p. 10.

团、携程、马蜂窝、汽车之家等生活服务平台等）。因而，能够助推广告和导流业务的 POI，自然就是对地图厂商价值最大的 POI。可以想象，这样的 POI 更容易产自"现代时尚商圈"。事实证明，在"百度淘金" 2021 年 10 月派发的采集任务中，虽然在其"地推"采集策略下，终于包含了覆盖丰户营村的采集任务[1]，但任务定价实在不高，打卡 192 个任务采集点预计收益 6 元多，而东邻的娘娘府地区 63 个打卡点的收益则是近 7 元，不远的华联商厦片区 33 个打卡点收益 9 元多。就这样，通过悬赏定价，厂商对地区 IPO 价值的判断也被传导

图 3-3　城中村中的商铺：a 同时充当彩票零售和台球娱乐空间的小店，b 没有招牌只贴出餐饮服务内容的小餐馆，c 招牌斜倚门上的快递超市，d 只有开门才知道这里是卖煎饼的小店，e、f 没有招牌的熟食铺和生肉店，g 隐蔽的水电气手机维修业务，h 下午四点左右的丰户营村

[1]　"百度淘金"覆盖丰户营村的采集项目名为"东岳公寓北 412 米"，覆盖丰户营村、丰户营小区、东岳公寓等。

给了采集者。在这样的情况下，恐怕很少有人愿意采集这里的数据。

不难理解，一种媒介体制的偏好往往与该媒介的主导者之需求和判断密切相关。但这里也不乏一些相对更加"客观"的原因。笔者曾尝试以众包业余采集员的身份，对丰户营村的 POI 进行采集。遗憾的是，采集回来的数据有很多不合标准，无法通过审核。原来，应该采集什么样的 POI，数字地图厂商是有标准的。比如，它需要有一个固定门店，流动"叫卖"和可移动摊位（比如常年固定位置的修车摊）就被排除在外；它需要有一个有招牌的门脸，没有招牌的门店（即使当地人都知道这家店卖什么）就被排除在外；这个招牌还需要固定在墙上，把招牌随便贴在门上或放在地上的店铺也被排除在外。这样一来，丰户营确实没有很多符合 POI 标记标准的商铺了。不难理解，数字地图对 POI 标准的制定，是建立在地理信息媒介自身的底层逻辑之上的——在这里"定位"就显得极其重要。同时也是建立在现代城市商业的模式上的——在这里，"固定"商铺而非流动摊位就显得更加"可靠"。因此，丰户营村这个不乏城乡接合部市集意味的"底层商圈"，就自然很难出现在建立在"定位"逻辑之上并经过现代商业"滤镜"预处理过的数字地图中。

上文我们从主观意愿和数据标准方面，讨论了丰户营村的"活力"为何无法被数字地图捕捉。在笔者看来，"丰户营村"是个案，也是代表。它代表着一系列位于边缘、面向"底层"的本地生活形态，一系列在现代商业看来不那么"正规"却有其功能的社区市场，一种在各种意义上很难"定位"却生机勃勃的城市生活。更重要的，它们的存在让我们意识到，数字地图并非对哪儿都"准没错""哪儿都熟"，媒介体制的问题一样在数字地图中存在。或许在有些人看来，如果"丰户营们"很难被数字地图接纳，只要线下日子不受影响，与网络保持点距离也没什么坏处。但或许地理信息不公平的影响将会是长期的，并且以更加曲折隐晦的方式发生。尤其是今天 POI 已经成为地理信息系统辅助城市规划和治理的重要数据，因而必须警惕这里有可能存在的数据体制和数据偏差（或许不只本节提到的这一种），莫让看似科学的大数据成为错误研判和决策的依据。

三、网红打卡地和被更新的城市"中心"

上文我们提出了数据"忽视"什么，下面我们来讨论"流量"偏爱什么，以及这种偏爱对空间自身的影响。这个问题同样源于笔者的生活体验。笔者喜欢吃老北京麻酱烧饼，2007 年刚来北京上学时周边还没人用智能手机，听说白塔寺附近的平安巷有家"徐记烧饼"，是最地道的老北京火烧之一，竟连摸带问地找到这家胡同里的烧饼铺，和老街坊一起排队买火烧。那是笔者第一次在各种意义上体会到"老北京的味道"，这一尝就惦记了十几年。后来，在 2018 年，徐记烧饼铺搬到了新街口商业区一个超市的主食厨房。和徐记烧饼铺一起关张的自然还有很多服务本地街坊的小店，胡同规范了不少，也冷清了不少。但这几年，在政府委托社会力量开展的"白塔寺再生计划"[1] 的努力下，平安巷所在的白塔寺社区又热闹起来，一个重要的

---

[1] "白塔寺文化保护区"位于北京市西城区，总占地面积为 37 公顷，是北京老城 25 片历史文化保护区之一。"白塔寺再生计划"于 2015 年启动，由北京西城区政府联合北京华融金盈投资发展有限公司发起开展，根据其公告，该项目旨在"通过政府主导、企业示范、社会力量参与、本地居民共建的新模式，在保持独具一格的胡同肌理和老北京传统的四合院居住片区原有居住功能不变的情况下……（转下页）

现象就是各种"网红店"的出现。原来，在该计划之"自愿腾退、整院腾退"的原则下，一批大杂院（第一批目标为 15%）被腾退了出来，与此同时，"白塔寺再生计划"与"北京国际设计周"合作，引入了一批国际知名设计师，对部分退出的院落进行重新设计、规划。这样，大杂院就蜕变成了各种充满现代时尚气息的民宿、出租公寓、咖啡馆、文创店等。[1] 它们往往设计独特、摆设精致，背后站着故事，更擅长营造景观，尤其适合成为"种草"笔记和"探店"视频的素材，经常有穿着时尚的年轻人和外国人跟着导航不远"万里"前来打卡拍照、游览体验。尽管按照"白塔寺再生计划"宣称，其开展前提是保持"四合院居住片区原有居住功能不变"（目前有一间腾退出的院落也确实被改造成服务街坊的"社区会客厅"），但笔者仍忍不住思考，在"有序疏解中心城区非首都功能""建设老城文化探访路"的探索进程中 [2]，随着腾退工作有序开展，老北京平民居住区最终是否

（接上页）制定出人口调控策略、物质空间更新、基础能源提升、公共环境再造、培育文化触媒和区域整体复兴的实施路径"。参见《白塔寺再生计划，探索历史文化街区的更新模式》，"北京规划自然资源"微信公众号，2019 年 11 月 8 日。

[1] 比如，位于宫门口二条的民宿"有术 Sth. Here"，日本著名设计师青山周平把一个被腾退出来的四合院改造为一个有 6 间客房的民宿，客房价位在 1080—1980 元 / 天。又如位于宫门口四条胡同的出租公寓"四分院"，中国著名建筑师华黎将一个 10 米 ×10 米四合院空间改造为 4 个小居住单元，被自媒体"一条"称作"中国最美合租院"，获得"2016WA 中国建筑奖居住贡献奖"，每个居住单元的租金为 4000 元 / 月，租期一个月起，业主为"白塔寺更新计划"的被委托方北京华融金盈投资发展有限公司。此类空间消费水平和设计品位多定位城市中产和富裕阶层，随着"计划"开展，类似的 POI 还将逐渐增多。

[2] 白塔寺属于"月坛—白塔寺—西四文化探访路"，参见《首都功能核心区控制性详细规划（街区层面）(2018—2035 年）》，http: //ghzrzyw.beijing.gov.cn/zhengwuxinxi/ghcg/xxgh/sj/202008t20200829_1993379.html/，2021-10-27。

会变成一个网红文创区？

　　笔者深刻感到，随着"再生"计划的开展，胡同可能再次恢复从前的"热闹"，但由于空间"流量"的来源和生产机制与从前差异巨大，胡同空间自身的性质也将在这个过程中发生变化。如何理解这一变化呢？这里面有城市规划、文物保护、经济发展、商业模式等众多原因，本节依旧从 POI 的角度切入该问题。不难看出，上述"店铺"都是以"网红店"的身份为人所知的，我们不妨先回到这样一个问题，什么样的 POI 更被流量偏爱？一方面这自然涉及地图自身的信息结构[1]和推送机制，包括标签是否容易被搜到，用户停留时间是否更长，搜索、浏览、导航数据是否可观，地图指南是否"榜上有名"等。另一方面，它也涉及当下网络营销的整体机制。今天数字地图承担着众多信息服务平台的第三方导航服务——美团的团购优惠、大众点评的口碑点评、小红书的"种草"笔记、抖音的"探店"视频等，无论这些内容本身流量如何，其最终期待的"流量"都是用户"到这儿去"的物理流动。在这个意义上，类似"×人近期导航过来"的地图数据，不仅有关地图的信息推荐，更涉及本地生活服务的整体信息传播方式。因此在流量偏爱什么的问题上，这里还应包括网络传播特别钟情的"创意标签"、与服务体验密切相关的"口碑评分"、图像社交尤其重视的"拍照好看"，还有笔记文案特别青睐的"故事＋情结"等。正是在这个机制中，"远不远""如何走""好不好走"这些

---

[1] 比如，高德地图"餐饮服务"下的"咖啡厅"品类又分为"星巴克咖啡"、"上岛咖啡"、"Pacific Coffee Company"、"巴黎咖啡店"、"咖啡店"（即其他咖啡店）5 个子类。因此，在同等条件下，构成独立子类的连锁咖啡店就比其他连锁咖啡店和独立咖啡店，更容易被推送。

和"地方"与路程相关的物理流动问题，都在地理信息服务和城市交通提供的便利中被相对淡化了。与此同时，特色有无、颜值高低、评价好坏、优惠多少、能否"出片"，这些和符号及价值传播相关的"信息流动"问题则被相对放大了，甚至"深巷里""老城中""深藏在某地"诸如此类本来可能构成"物理流动"障碍的因素，反倒可能提升店铺趣味，进一步助推"信息流动"的热度，成为各种"宝藏"店的标配。

可以看到，上述胡同中的"网红店"就是在这样的信息机制中产生的。一方面，如果没有地理信息提供的便利，位于深巷中的它们不可能被这样成规模地生产出来。另一方面，这也意味着，它们虽在物理上身处胡同这样一个具体的"地方"，但其到访者的生成机制其实与网络时代那个由信息的跨地域、跨文化流动而建构的"流动空间"关系更大。为了适应这个在今天主要由中等收入群体和富裕阶层的品位主导的空间，一些店铺和展览已经开始在选址和设计阶段，就考虑诸如顾客是否能拍出"Ins 风"大片、哪些卖点适合写成小红书笔记之类的网络传播需求。在这样的考虑中，胡同房顶、白塔寺下，越是这样具有地方特色的元素，反倒越有可能成为社交图像中的"地方"符号，被转化为"流动空间"这个超越地方却又不断中介着地方的新兴空间之宠儿。必须强调，此处的"流动空间"和我们常说的赛博空间、虚拟空间有着一个显著差异，即它与物理空间的深刻关联。正如"流量"（traffic）一词，本身就有信息流动和人员流动的双重含义，"流动空间"也有着同样的双重性。一方面，确切地说，它有一半属于信息空间，因而可以有不同于纯粹物理空间的"流量"生成逻辑；但另一方面，这个生成于信息世界的"流动空间"又必须要依托物理空间才能最终完成。因而，我们观察一个网红打卡行为，既可以从信息空间的角度，认为它就像增强现实游戏"宠物小精灵"，是一个引导用户打卡地理信息热点的活动；也可以从物理空间的角度，认为它就是一个用户借本地信息服务，走访真实物理地点的活动。而"流动空间"，也正如今天我们的城市体验，就生成于那个比特世界与原子世界的交互界面上。

正因如此，流动空间对于物理空间的影响也将是十分深刻的。我们不妨以"街道"为例说明该问题。《美国大城市的死与生》开篇有这样一段对于街道的描述：

> 在城市里，除了承载交通外，街道还有许多别的用途。城市中的人行道——街道中行人走路的部分——除了承载行人走路外，也有其他很多用途。这些用途是与交通循环紧密相关的，但是并不能互相替代，就其本质来说，这些用途和交通循环系统一样，是城市正常运转机制的基本要素。[1]

街道不仅是一个供人经过的地方，也对该社区的安全、社交生活和孩子的同化等具有非凡意义。街道的多样用途，对地区保持长期、可持续的活力十分重要。[2] 如果在这个视域中，反观导航指引下的城市交通，就不难发现，在专业"导航"的中介中，在某些地区本来可以承担多元功能的街道，是如何被简化为通向"目的地"的单

---

[1] ［加］简·雅各布斯：《美国大城市的死与生》，金衡山译，译林出版社 2005 年版，第 29 页。

[2] 参见［加］简·雅各布斯《美国大城市的死与生》，金衡山译，译林出版社 2005 年版，第 29—95 页。

一"过道"的。在向量坐标指引下，道路仅仅是一个需要迅速经过的"通行空间"，而用户也只需跟好导航、避免偏离，再也不用四面观察、到处绕路、求人问路了。但正因如此，我们可能错过路边的风景、周边的环境、对面的人，我们对这个地区的记忆可能仅剩下单一的目的地。今天似乎有越来越多的人，只有看到自己去过的某个 POI，才能意识到原来到过这个地区，导航中介给我们的城市体验，就这样被烙下了信息媒介自身的特征：城市貌似只留下各种 POI 和通往它们的道路，甚至最终人们也忘记了被通过的道路，只剩下了 POI。

以上举出的仅是数字导航对街道功能的影响，但类似的变化还有很多——当数字地图把物理地点捕获为符合标准的 POI，当数据体制（包括数据标准、平台规则、推送算法等构成的信息系统）把 POI 驯化为流量偏爱的"网红店"，当导航把流量转化为理性规划下的人员流动，我们的物理空间以及我们对物理空间本身的体验，又如何不在这个过程中发生或短期或长期的变化？

然而更重要的是，这个正在生产中的"流动空间"与传统经验依托的地方/地区本身或许并非不无矛盾。我们在这里说的倒还不是交通拥堵、店铺扰民、本地店与网红店之争之类显而易见的问题，而是空间自身的倾向和特性。一般我们认为，地方/地区不仅仅是地球上的一些地点或地图上的一些 POI，每个地方都意味着一整套文化。它不仅表明一个人生活在哪儿，也表明他来自何方，他是谁，他在这里形成的思维方式、行为方式，以及他与人的沟通方式。[1] 而流动空间

---

[1] 参见［英］迈克·克朗《文化地理学》，杨淑华、宋慧敏译，南京大学出版社 2005 年版，第 102 页。

无疑是一个更加具有全球性特征的空间，如果说曾经我们只是在不同城市的金融中心及精英文化中感受到这一全球性特征，那么今天我们则越发在小红书、Instagram、抖音、快手等图像社交平台的网红打卡地，感受到这样的全球性特征。不错，它们是存在于物理空间，但在"网红打卡"的生成逻辑上，它们其实也存在于被信息"高速公路"连接的"流动空间"，它们与地方／地区的连接将越来越薄弱，甚至最终地方将仅仅沦为其景观性的背景——正如那个在干净的蓝天下喝咖啡的打卡套路，既能出现在胡同屋顶，也能出现在故宫塔楼；既能出现在布拉格广场，也能出现在夏威夷沙滩。在看似差异的外观之下，这些表面上位于"地方"的"网红打卡地"越发共享着被数据体制形塑的同一套空间生成和行为生成机制，因而与网络传播常常标榜的"多元""个性""小众"相反，今天这个"流动空间"最大的功能或许恰恰就是消除那些最根本的地方差异。

与此同时，对于我们更有意味的是，这些网红打卡地也将依托"流动空间"，把曾经或许被"地方性"差异阻隔的全球性资本"接"入地方／地区中。我们禁不住提问：它们会成为全球性资本播撒在地方的"种子"吗？这些种子又会在"城市更新"的大潮中，如何改变空间的性质？

结论：为谁的流动，为谁的空间？

网络内容看似民主，其实是阶层化的。根据网络结构的内在特征，80% 的流量将由 20% 的节点吸引[1]，如果我们承认 80/20 法则的普世性（20% 的主体占有 80% 的资源），那么不难理解，在 80/20 法则的跨界作用下，流量集中的区域会进一步吸引其他资源向该区域集中，由此常常会带来流量、资本等资源的强强联合。这个逻辑曾支撑"网红经济"繁荣发展，当下也正在"网红经济"对本地生活的改造中，继续制造着"打卡经济""种草经济"的文旅新风口。与此同时，大城市房地产增量市场疲软，城市更新[2]已成为"存量时代"的一个新风口。据说，这是一个市场体量在万亿级的"大象"，如何配合城市规划的新定位，在新科技的推动下，在产业升级和消费升级的趋势中，盘活地产存量、再造城市价值，据说，是让这头"大象"奔跑起来的关键。[3]不难看出，在这样的背景中，"打卡经济"正符合"城市更新"的品位，而"城市更新"也正符合"打卡经济"的需要，"打卡经济"和"城市更新"同时需要运作的地方，往往是最被流动空间青睐也最青睐流动空间的地方。这就解释了今天资本对于"网红打卡地"以及借新科技生产网红打卡地的行为，何以会表现出如此巨大的兴趣。因此，我们在"流动空间"的"流量"中，再添加"资本

---

[1] 该结论来自数学家巴拉巴西所建立的模型，用来描述节点关系分布符合幂律的复杂网络的生长。该模型被认为有效解释了自然网络（如细胞网络、基因网络）和人工网络（以万维网为代表）中"焦点"的存在和生长规律。Cf. Albert-László Barabási, *Linked: The New Science of Networks*, NY: Perseus Books Group, 2002, pp. 65-78.

[2] 城市更新又称城市再开发，是在城市郊区化之后，针对城市内城或中心城区出现的空心化和老化现象，通过内城复兴计划或城市再开发等活动，将经济发展和城市建设中心重新转向城市中心城区。城市发展大多经历了"城市化—大城市郊区化—城市更新"的发展过程。

[3] 参见秦虹、苏鑫《城市更新》，中信出版社 2018 年版，第 1—15 页。

流动"这与信息和人员流动相互缠绕的第三层含义。

那么，应该如何评价这样的"流动空间"呢？当然，在短期来看，它可以提升地区税收和城市魅力、助推城市更新和功能转化、打造几个设计规划示范区。但本书更关心的是其长期影响。在马克思主义空间批评的开创者之一列斐伏尔看来，空间不仅是承载社会生产的容器，空间本身就是社会生产的结果。换言之，社会生产首先和最终生产的不是空间中的事物，而是内嵌着其生产关系和社会关系的空间本身。[1] 如果在这一视野中来分析"流动空间"，就不难看出，其运作机制要求不断制造"落差"，因为只有差距才能带来流动，是信息、人员的流动，更是资本本身的"流动"，其结果或将进一步加剧各种意义上的不平衡和不平等。因而"流动空间的生产"在没有外力引导或内部抵抗的情况下，很可能将在一个更长的时期，进一步生产出地区发展的不平衡和空间权力的不平等。这是我们需要警醒的。其实，卡斯特早在世纪之交的《网络社会的崛起》中，就已经提醒我们对"流动空间"这一新技术影响下的空间形态给予足够重视。在他看来，流动空间具有三个层面。第一个层面是由电子交换回路所构成的物质支持；第二个层面是由网络的节点（node）与核心（hub）构成，它看似位于网络，却连接了具有完整社会、文化和实体环境的特定"地方"；第三个层面是占支配地位的管理精英的空间组织，"他们操纵了使这些空间得以结合的指导性功能。流动空间的理论潜藏的起始假设是，社会乃是围绕着每个社会结构所特有的支配性利益而不均衡地

---

[1] Henri Lefebvre, *The Production of Space*, trans. Donald Nicholson-Smith, Oxford & Cambridge: Black Well, 1991, pp.26-67.

组织起来的"[1]。本节的"流动空间"基本上也对应着这三个层面的功能——信息的流动、人员的流动和资本的流动，以及这种流动预设和制造的不平衡。只不过在《网络社会的崛起》初版的时代，流动空间的影响还不那么明显，而今天在地理信息服务的普及中，"流动空间"正在从一个概念成为一种正在发生的现实。

　　本节在 POI 数据体制和流动空间生产的互动中，呈现了上述不平衡的两极。但那些位于两极间的地带，也难免受到数据体制和流动空间的影响。我们看到，在其中的一极，是城市边缘的"灰色地带"，是预先就被现代商业形态和 POI 数据体制淘汰出局的底层商圈，它们甚至都不会出现在这个"流动空间"。但在"灰色地带"完全消失之前，我们不妨思考并实践一下，号称"普惠"的信息科技是否并如何才能为生活在这个地带的群体，带来一些好处。与此同时，在其中的另一极，是城市更新进程中的网红打卡地，它们是流动空间的宠儿，是信息、人员和资本流动的方向，它们数量占比尽管不大，却很可能依托城市更新的大潮，逐渐改变一个地区之性质，成为促成最终变化的"种子"[2]。但在这些作为宠儿的"种子"真正生长起来之前，我们也不妨思考一下，它们在资本热衷的"城市更新＋打卡经济"中，会长成怎样的大树，这些大树将会为谁结出果实，为谁遮风

[1]　[西] 曼纽尔·卡斯特：《网络社会的崛起》，夏铸九、王志弘等译，社会科学文献出版社 2001 年版，第 504—512 页。

[2]　"种子"的比喻来自"白塔寺更新计划"："一个区域之前已经形成了固有的模式和生态系统，要靠它自发地更新、升级很难，一定要有一个外力干预，相当于'种子'，这些'种子'有了一个变化之后，再带动周边主体自变。"参见《白塔寺再生计划，探索历史文化街区的更新模式》，"北京规划自然资源"微信公众号，2019 年 11 月 8 日。

挡雨，又将如何改变一个地区自身的生态和性质，最终我们又该如何处理好转型中新、旧空间的关系，以及本节所有发问背后的根本问题——这是为谁的流量，又是为谁的空间，在这样"流动空间"的作用下，我们体验到的又是"为谁"的城市。莫让新的大众地理科技在未经反思的情况下，制造出新的不平衡，成为加剧现有问题的工具。

结　语

从学用剪刀到学用软件：

通向"软件素养"

2022 年 5 月，北京。

笔者此刻正在 WPS Word 中敲击您看到的本书的"结语"，一旁上小学的大女儿正对着平板电脑上网课，上幼儿园的二女儿正拿着剪刀做手工。老二手中的小花剪刀，正如老大手下的交互界面和我面前的文字处理软件，都是让我们各自的生活能够正常运转下去的"基础设施"。所以本书最后的问题来了：是啊，批评了一圈大众软件，但那又能怎样？难道我们能拒绝当下生活的"基础设施"？

是的，笔者不能拒绝，笔者的孩子更不能拒绝。因而，真正的问题恰恰在于我们如何用好软件，又如何让我们的下一代用得更好！笔者认为，那些把问题隐藏在"性感"外表下的软件，其实和把危险暴露在"粗粝"外形上的剪刀是一样的，都是并非人人天生都懂得如何用好，甚至用不好可能使人受到伤害的工具。反思进而学会正确使用这样的工具，这就是笔者从十年前不满 PPT 而开始批判大众软件的"愤青"，成长到今天作为母亲写出这本书的初衷和归宿。笔者试图对各种编码着我们日常生活的、看似中立无辜的大众软件提出以下问题：你究竟是什么，你从哪来，你如何成长成现在这样，你对我们又意味着什么？在反思这些问题的基础上，我们才有可能找到与大众软件"相处"的合适方式。如果不能完全驾驭它，也至少不要被它驾驭。为此，笔者将在本书最后提出，将辨别和用好软件的能力包含在当代的"媒介素养"教育中。

90 年前，面对美国大众文化的输入，以利维斯（F. R. Leavis）为代表的英国文化精英站在保守主义的立场上，提出了"文化素养"（culture literacy）的概念，并系统阐释了如何在学校教育中培养媒介素养。[1] 在利维斯等看来，媒介素养应该能够充当一剂"疫苗"，抵御美式大众文化流毒，保持大英文化传统和民族精神健康。随着文化研究的崛起、发展，以威廉斯（Raymond Williams）、霍尔（Stuart Hall）为代表的工人阶级学者掌握了一定话语权，他们一改此前的文化精英主义，提出"文化是日常的""普通人不是文化白痴"，强调群众并非文化的被动接受者，而是有一定文化判断力和能动性的再诠释者。在这种观念影响下，媒介素养在 20 世纪 60 年代的英国已不再单纯意味着"抵抗"，而是"辨识"，强调的是大众传媒时代人们对于信息、文化和观念的甄别和分析能力。[2] 到 20 世纪七八十年代，在官方推动下，媒介素养教育正式走进英国教育系统，并推广到欧美和部分第三世界国家。从 90 年代末开始，随着文化市场的崛起和信息技术的普及，其相关概念和教育理念也开始被引入中国。时至今日，信息技术和新媒介已构成当代社会的"操作系统"，如何甄别网络谣言、防范信息诈骗、保护个人隐私、借助网络自助、发挥正向参与力量，诸如此类认识和使用媒介的能力，正在成为当代人的基本生存技能之一。尤其是近年来各种重大和突发事件频出，媒介素养的重要性更是越发成为社会共识。

不难看出，媒介素养的提出和发展，正是大众文化研究的自然产物。从早期的屏幕教育、媒介素养、图像素养、电视素养，到后来的视觉传播、视觉意识与批判性观看技能，再到 90 年代以来随着网络

---

[1] Cf. F. R. Leavis & D. Thompson, *Culture and Environment: The Training of Critical Awareness*, London: Chatto & Windus, 1960.

[2] 参见［英］大卫·帕金翰《英国的媒介素养教育：超越保护主义》，宋小卫译，《新闻与传播研究》2000 年第 2 期。

的普及而出现的计算机素养、信息素养、网络素养[1]，这些年来，媒介素养的内涵正随着大众文化批判的拓展和范式变化，而不断丰富和发展。本书作为"大众软件批判"的一次尝试，也将十分自然地导向一种关于媒介素养的设想，认为媒介素养应包含批判性地认识和使用软件的能力。

其实，早在人们对"网络素养""信息素养"进行讨论时，就已经涉及技术相关因素，比如卜卫在 2002 年谈"网络素养"时，首先提到的就是"了解计算机和网络的基础知识"。[2] 但这样的知识往往作为媒介的技术背景而出现，只有当媒介研究的软件转向出现后，软件才有可能在本体的意义上，进入"媒介素养"的范畴。这不仅因为，直观上，今天当我们在谈论媒介的特性时，其实也在间接谈论实现它的媒介工具之特性。换言之，软件之外无媒介。一种媒介能够被如何感知和实现，直接与浏览、编辑和输出它的软件密不可分。其更深层的原因是，在软件模拟的媒介体验中，媒介其实是由文化和计算两个层面共同组成的。[3] 在其文化层，我们感知到的是媒介及其信息，是丰富多彩的文化现象；在其计算层，则是算法、数据结构、程序架构、交互界面等，它们虽常常不可见，却在更深层面塑造着新媒介的区别性特征，改变着数字时代新媒介自身的文化逻辑。因而，为了真正理解今天的媒介，我们是不可能不触及软件这个层面的问题的，是不可能不触及其技术层和文化层之互动的。也因此，笔者认为，今天

---

[1] 参见卜卫《论媒介教育的意义、内容和方法》，《现代传播（北京广播学院学报）》1997 年第 1 期。

[2] 参见卜卫《媒介教育与网络素养教育》，《家庭教育》2002 年第 11 期。

[3] 参见本书第一章第二节"软件研究的兴起：媒介理论和软件批评的相遇"。

的媒介素养也应该将软件相关因素包含其中。换言之，在培养人们理解和使用媒介之能力时，也需将以下观念纳入其中：

1. 媒介建构着世界，但同时它是由计算模拟出的结果。

2. 数据的结构、算法的特性、程序的架构、交互界面的设计等因素决定着软件之性能，一款软件的性能则决定了其输出端的媒介能展现为何种形态之边界。

3. 软件是在工具、社会和文化的互动中开发和使用的。工具的开发和使用受到技术因素的影响，更受到文化和社会需求的形塑。

4. 软件有其气质，这和其底层技术逻辑相关，也和嵌入其技术逻辑的文化和社会逻辑相关。当后者成分较多时，软件有时会呈现出一定"隐蔽的"文化立场性。

5. 当软件自身呈现出一定气质甚至立场性时，由媒介中介和建构的经验也不可避免地呈现出类似的气质和立场性。

6. 但软件就如文本，无论它发明时有着怎样的气质，开发中又被嵌入了怎样的立场，最终决定其效能的总是人和软件的互动，即人在多样的社会文化背景中对软件的诠释和使用。

7. 如果你掌握一定的程序开发技能，不妨和开源社会或其他共享社区的小伙伴们一起尝试，改变你不喜欢的软件和媒介生态。

8. 如果你没有相关技能或不打算从事另类开发实践，也不妨利用你的知识储备和反思能力，批判性地看待和使用每一款软件及其承载的媒介经验；无论如何，至少我们自己要过上一种"经过检讨的生活"。

尤其今天，随着各种高级编程语言和图形化编程工具的出现，学习编程无论在青少年还是成人中都越发普及。[1] 对于青少年，我们常常把编程教育作为计算思维、信息意识和创新能力的培养过程[2]；对于成年人，我们则常常把编程教育当作一种职场能力的提升手段。但其实，我们也可以在学教编程的过程中，增加一些人文思考，提升一下人们批判性地理解和使用软件的能力。是的，这种能力乍看起来或许没什么用，却能在一些根本问题上，助推我们过上更有意义的生活。

[1] 参见孙丹、李艳《国内外青少年编程教育的发展现状、研究热点及启示——兼论智能时代我国编程教育的实施策略》，《远程教育杂志》2019 年第 3 期。

[2] 参见张进宝，姬凌岩《中小学信息技术教育定位的嬗变》，《电化教育研究》2018 年第 5 期。

后　记

黄蜂与兰花

> 黄蜂和兰花，作为异质性生成的元素，构成了块茎……这不是模仿而是对符码的捕获，是符码的剩余价值，是化合价的增加，是变化万象的生成，是兰花的生成—黄蜂和黄蜂的生成—兰花。
>
> ——《千高原·块茎》

我博士学位论文的后记就叫"黄蜂与兰花"，本书的后记也叫"黄蜂与兰花"，是因为本书之所以能够写出来，同样缘于这些年来我生命中一些珍贵的"错位"和"相遇"。

第一个错位是我在本该搞实践的地方做研究。毕业后我的第一份工作，是在中国文联网络文艺传播中心（原文艺资源中心）搞信息化建设和融媒体内容生产。感谢中心的领导和老师，谢谢你们不仅容忍我在实践之余做研究，还公开鼓励这种行为，甚至把我在很大程度上出于自身兴趣搞的"产学研用"对话，做成了单位的数字艺术沙龙。正是因为你们的"纵容"，才让我在中心工作的 7 年，一直保持着批判的冲动和追问的好奇，也因此，我这 7 年的信息化建设经验，才有可能成为通向这本书的宝贵财富。

第二个错位是我在本该研究文艺的地方研究软件。我现在的工作单位是中国艺术研究院，感谢院所领导和各位老师，你们不仅允许我在一个本该研究文艺的地方研究软件，还以"资助"和"评奖"的方式帮助我成长。感谢这一路走来鼓励过我的诸位师友，谢谢你们在我怀疑自己写这些"非主流"的东西是否在浪费生命时，以各种方式帮助我确信这些思考的价值。更感谢各位文学艺术和人文社科期刊的编辑老师，谢谢你们愿意接受我这些无法归类的选题——正是你们的接纳，让我最终有勇气"把奇葩进行下去"。

第三个错位是我在似乎本该深陷日常的日子反思日常。这些年来，我最大的变化就是有了敢当和巴妮。是你们，让我与这个世界有了更深的连接，对于理解这个世界，也有了更大的动力。感谢我身边那些同为人母的女性学者，你们在我最没自信的时候鼓励我，告诉我"可以慢，不能停"，即使身为"二胎宝妈+军嫂"，也要坚持把研究做下去。正是这些"一句顶一万句"的鼓励，让我决心把我因为"母职"深陷其中的那些日常，转化为学术研究的田野。感谢汪民安老师的《论家用电器》和戴阿宝老师的《趣味批判：我们的日常机制与神话》，正当我困惑于如何系统化地切入日常时，这两本书直接启发了我，可以把大众软件作为方法去观察当下中国人的生命经验和文化表征。

当然，在所有这些"错位"和"相遇"的背后，是我家人的默默支撑。在这里，我尤其要感谢我的公公婆婆，谢谢你们为了支持儿女的工作，放弃了田园式的退休生活，修成了中国式的"奶奶爷爷"。也谢谢我的爸爸妈妈，你们身心安康，我才岁月静好。

最后，我还想说，爷爷，您70岁退休后自学电脑，所以咱家最多的杂志就是《大众软件》，今年您大孙女把您感兴趣的"大众软件"写成了书，这下终于可以在周年时把新书寄给您了。虽然您在那个世界，但咱爷孙俩一样能以这样的方式，聊聊天。

2023 年 6 月 3 日于厢红旗